大厨必读系列

实用酱卤·凉拌技法全图解

牛锡春　周相贤　双福◎主编

主　　编：牛锡春　周相贤　双　福
副 主 编：吴元吉
监　　制：周学武
执行编辑：徐正全
参编人员：李子朝　王文学　侯熙良　王雪蕾　彭　利　常方喜　梅妍娜　李青青　刘小敬　李华华　满江霞　衣晓妮　王　芸　刘少博　赵雪林　徐小乐　陈　晨　许　珂　王雪舟　冯燕燕
制　　作：李子朝　王文学　青岛复盛大酒店
工作人员：石青华　于善瑞　仉　鑫　胡玉英　孙建慧　刘嘉华　申永芬　王玉芳　刘伟华　葛永荣　于　浩　刘琳琳　林兆军
策划统筹：
摄　　影：
装帧设计：

中国纺织出版社

内容简介

在酒店经营中，热菜固然重要，但是酱卤拼盘与凉拌菜同样占据重要地位。本书是一本专门教厨艺从业者、爱好者学习酱卤、凉拌技法的指导图书，全书分两大章节，分别讲述酱卤的基本技法与样例、凉拌菜的基本技法与样例。全书大图精美，步骤图详细，方便读者参考学习。

本书附赠精美的DVD光盘，由经验丰富的厨师实景演示，让读者学习更直观、更轻松。

图书在版编目（CIP）数据

实用酱卤·凉拌技法全图解 / 牛锡春，周相贤，双福主编. — 北京：中国纺织出版社，2017.1（2024.4重印）
（大厨必读系列）
ISBN 978-7-5180-2773-6

Ⅰ. ①实… Ⅱ. ①牛… ②周… ③双… Ⅲ. ①酱肉制品—食品加工—图解 ②凉菜—菜谱 Ⅳ. ①TS251.6-64 ②TS972.121

中国版本图书馆CIP数据核字（2016）第155333号

责任编辑：韩　婧　　　　责任印制：王艳丽

中国纺织出版社出版发行

地址：北京市朝阳区百子湾东里A407号楼　邮政编码：100124

销售电话：010—67004422　传真：010—87155801

http：//www.c-textilep.com

E-mail：faxing@c-textilep.com

中国纺织出版社天猫旗舰店

官方微博 http://weibo.com/2119887771

北京兰星球彩色印刷有限公司印刷　各地新华书店经销

2017年1月第1版　2024年4月第4次印刷

开本：889 x 1194　1/16　印张：8

字数：109千字　定价：68.00元

目 录 Contents

第一章 酱卤技法

* 二维码视频

第二章
凉拌技法

* 二维码视频

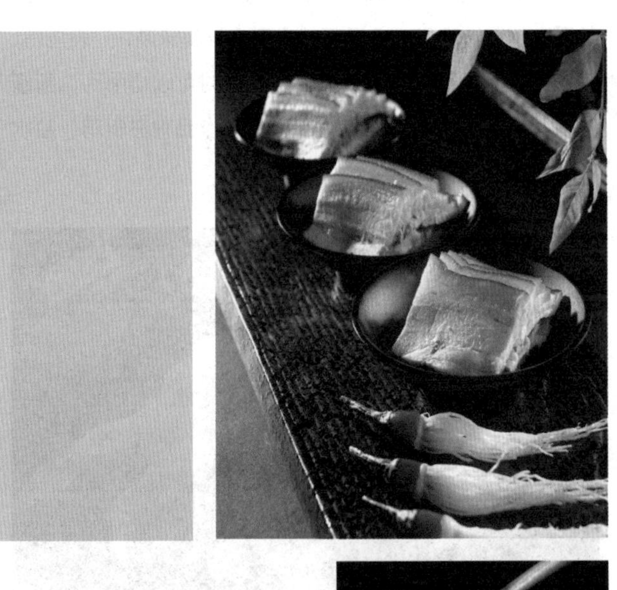

第一章

酱卤技法

酱卤基本知识

· 酱卤制品分类
· 酱卤制品加工过程
· 酱卤煮制的火力控制
· 酱卤制品常用香辛料
· 酱卤制品常用调料
· 料袋的制作和使用
· 酱汁和卤汤的使用和保存

常见酱卤制品

· 酱制品
· 卤制品

第一节 酱卤基本知识

酱卤制品分类

酱卤制品是用禽畜肉（猪肉、牛肉、鸡肉、鸭肉、鹅肉等）及可食副产品（豆制品、莲藕、竹笋等食材）加上各种香辛料、调味料，用水煮成的食品。

酱卤制品既可以合称，又可以简单分为酱、卤两种，一般来说，酱是食材加入酱油、香料煮熟，颜色鲜艳；卤是食材加入盐水、香料煮熟，颜色会稍淡。

酱卤肉制品是酱卤中最多，最具代表性的，所以通常分类以酱卤肉制品为标准。

根据加工工艺的不同，酱卤肉制品可以细分为白煮肉类、酱卤肉类、糟肉类三大类，白煮肉类可以认为是未经酱制或卤制的酱卤肉制品；糟肉类是用酒糟或者香糟代替酱汁或者卤汁加工的产品。

白煮肉类

白煮肉类是肉经（或不经）腌制，在水（盐水）中煮制而成的熟肉类制品，也叫白烧、白切，它最大的特点就是最大限度的保持了原料肉固有的色泽和风味，一般在食用时才调味。

白煮肉类做法比较简单，仅用少量食盐，基本不加其他配料，保持原形原色及原料本身的鲜美味道，外表洁白、皮肉酥润、肥而不腻。白煮肉类食用时可以切薄片，蘸酱油、香油、醋、葱末、姜末等，代表作品有白斩鸡、盐水鸭、白切肉等。

酱卤肉类

酱卤肉类是肉在水中加盐、酱油等调味料和香辛料一起煮制而成的一类熟肉类制品。酱卤肉的主要特点是色泽鲜艳、味美、肉嫩，具有独特的风味。产品的色泽主要取决于调味料和香辛料。酱卤肉类主要有酱汁肉、卤肉、烧鸡、蜜汁蹄髈等。

酱制品：是酱卤类中的主要品种，也是酱卤类的典型产品，也称作红烧或五香制品。酱制品在制作过程中使用了较多的酱油，制品色深、味浓，所以称作酱制。因为酱汁的颜色和经过烧煮后制品的颜色偏深红，所以又称红烧制品。此外，在制作时一般加入八角、桂皮、花椒、丁香、小茴香等香辛料，所以也称这类制品为五香制品。

酱汁制品：是以酱制为基础，加入红曲米为着色剂，使用的糖量比较多，在肉制品煮制将干汤出锅时把糖熬成汁刷在肉上，产品为樱桃红色，色泽鲜艳，稍带甜味且酥润。

卤制品：是先调制好卤汁或加入陈卤，然后将原料肉放入卤汁中，开始用大火，煮沸后改用小火慢慢卤制，直到卤汁逐渐侵入原料，成品酥烂即成。陈卤使用时间越长，香味和鲜味越浓，产品特点是酥烂，香味浓郁。

蜜汁制品：蜜汁制品的烧煮时间短，往往需要油炸，特点是块小，以带骨制品为多。在制作中加入多量的糖分和红曲米水，产品多为红色或红褐色，表面发亮，色浓味甜，鲜香可口。

糖醋制品：在辅料中加入糖和醋，产品具有甜酸的滋味。

糟肉类

糟肉是用酒糟或陈年香糟代替酱汁或卤汁制作的一类产品，它是原料肉经白煮后，再用香糟糟制的熟肉类制品，具有胶冻白净、清凉鲜嫩、保持原料固有的色泽和曲酒香气，风味独特。糟肉制品一般需要冷藏保存，代表性的有糟肉、糟鸡、糟鹅等。

酱卤制品加工过程

酱卤制品要突出原料的本身香气，还要突出调味料和香辛料的味道，口感要求肥而不腻、瘦而不柴，所以调味与煮制是加工酱卤制品的关键因素。

调味

调味是要根据地区消费习惯、品种的不同加入不同种类和数量的调味料，加工成具有特定风味的产品。根据调味料的特性和作用效果，使用优质调味料和原料一起加热煮，奠定产品的咸味、鲜味和香气，同时增进产品的色泽和外观。在调味料使用上，卤制品主要使用盐水，所用调味料和香辛料数量偏低，故产品色泽较淡，突出原料的原有色、香、味；而酱制品则偏高，故酱香味浓，调料味重。

调味是在煮制过程中完成的，调味时要注意控制水量、盐浓度和调料用量，要有利于酱卤制品颜色和风味的形成。通过调味还可以去除和矫正原料中的某些不良气味，起调香、助味和增色作用，以改善制品的色香味形。

根据加入调味料的时间大致可分为基本调味、定性调味、辅助调味。

基本调味： 在加工原料整理之后，经过加盐、酱油或其他配料腌制，奠定产品的咸味。

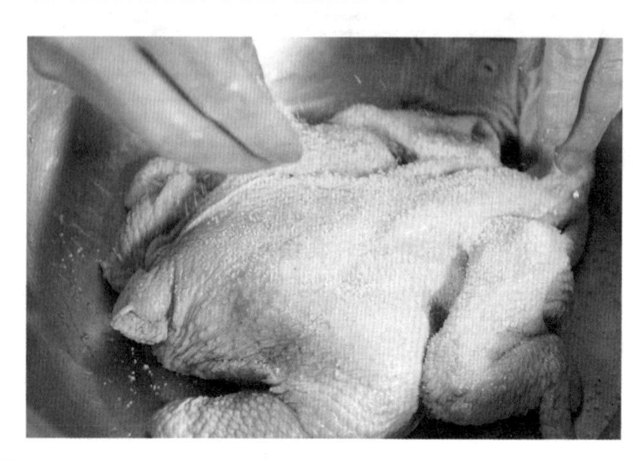

定性调味： 在原料下锅后进行加热煮制或红烧时，随同加入主要配料如酱油、盐、酒、香料等，决定产品的口味。

辅助调味： 加热煮制之后或即将出锅时加入糖、味精等以增进产品的色泽、鲜味。

煮制

煮制是对原料肉用水、蒸汽、油炸等加热方式进行加工的过程。可以改变原料的感官性状，提高其风味和嫩度，达到熟制的目的。

煮制对产品的色香味形及成品化学性质都有显著的影响。煮制使肉类黏着、凝固，具有固定制品形态的作用，使制品可以切成片状；煮制时原料与配料的相互作用，改善了产品的色、香、味；同时煮制也可杀死微生物和寄生虫，提高制品的贮藏稳定性和保鲜效果。煮制时间的长短，要根据原料的形状、性质及成品规格要求来确定，一般体积大，质地老的原料，加热煮制时间较长，反之较短，总之，煮制必须达到产品的规格要求。

煮制直接影响产品的口感和外形，必须严格控制温度和加热时间。酱卤制品中，酱与卤两方法各有所不同，所以产品特点、色泽、味道也不同。在煮制方法上，卤制品通常将各种辅料煮成清汤后将原料下锅以旺火煮制；酱制品则和各种辅料一起下锅，大火烧开，文火收汤，最终使汤形成肉汁。

在煮制过程中，会有部分营养成分随汤汁而流失。因此，煮制过程中汤汁的多寡和利用，与产品质量有一定关系。煮制时加入的汤，根据数量多少，分宽汤和紧汤两种煮制方法。宽汤煮制是将汤加至和原料的平面基本相平或淹没原料，适用于块大、肉厚的产品，如卤肉等；紧汤煮制时加入的汤应低于原料的平面 1/3 或 1/2，紧汤煮制方法适用于色深、味浓产品，如蜜汁肉、酱汁肉等。

酱卤煮制的火力控制

在煮制过程中，根据火焰的大小强弱和锅内汤汁情况，可分为大火、中火和小火三种。

大火：火焰高强而稳定，锅内汤汁剧烈沸腾。

中火：火焰低弱而摇晃，一般锅中间部位汤汁沸腾，但不强烈。

小火：火焰很弱而摇摆不定，勉强保持火焰不灭，锅内汤汁微沸或缓缓冒泡。

大火

中火

小火

酱卤制品煮制过程中除个别品种外，一般早期使用大火，中后期使用中火和小火。大火烧煮时间通常比较短，其作用是将汤汁烧沸，使原料初步煮熟。中火和小火烧煮时间一般比较长，其作用可使原料在煮熟的的基础上变得酥润可口，同时使配料渗入内部，达到内外品味一致的目的。

有的产品在加入糖后，往往再用大火，其目的在于使糖深化。卤制内脏时，由于口味要求和原料鲜嫩的特点，在加热过程中，自始至终要用小火煮制。

酱卤制品常用香辛料

香辛料具有独特的滋味和气味，既能赋予酱卤制品独特的风味，又可以抑制和矫正不良气味，增添香气，促进消化吸收，很多香辛料还具有抗菌防腐功能。

葱

有强烈的辣味，可以调味压腥。

生姜

生姜具有调味去腥的作用，主要用于红烧、酱肉制品。

大蒜

具有特殊的蒜辣气味，起到压腥去膻的作用。

洋葱

在肉制品中起到去腥味的作用。另外，洋葱具有生时辣、熟时甜的特点。

花椒

又名秦椒、川椒，香气强烈，是很好的香麻味香辛料。

肉桂

俗称桂皮，在肉制品加工中为常用香辛料。

白芷

具有除腥、祛风、止痛及解毒功效，是酱卤制品中常用的香辛料。

丁香

磨成粉末加在肉制品中，是常用的香辛料。

胡椒

分为白胡椒和黑胡椒两种，黑胡椒的风味好于白胡椒。由于胡椒味辛辣芳香，是广泛使用的香辛料。

大茴香

又称大料、八角茴香，在我国的传统肉制品加工如煮制、酱卤肉制品中经常使用，它具有增加肉的香味、增进食欲的功效。

小茴香

俗称谷茴、席香，可挥发出特异的茴香气，有开胃、理气的功效，是肉品加工中常用的香辛料。

豆蔻

又称玉果、肉蔻、肉豆蔻等，卵圆形，坚硬，呈淡黄白色。

香叶

即月桂叶，鲜叶味苦，干燥后，味道变为甘醇，香气增强，用于炖肉等。

砂仁

稍辣，其味似樟，用在酱卤肉中。

沙姜

性味功效犹如生姜，故俗称沙姜，外皮浅褐色或黄褐色，皱缩，皮薄肉厚，质脆肉嫩，味辛辣。

高良姜

气香，味辛辣，以色红棕、香气浓者为佳。

孜然

有除腥膻、增香味的作用，主要用作解羊肉膻味等。

草果

具有特殊浓郁的辛辣香味，能除腥气，增进香气，是烹调佐料中的佳品。

陈皮

以陈为佳，古人认为放的时间越长，药效越好，其芳香可以去除鱼肉的异味。

辣椒

因果皮含有辣椒素而有辣味，能增进食欲。

酱卤制品常用调料

盐

具有调味、防腐保鲜、提高保水性和粘着性等重要作用。

酱油

我国传统调味料，优质酱油咸味醇厚，香味浓郁，可以使酱卤制品呈美观的酱红色并改善其口味。

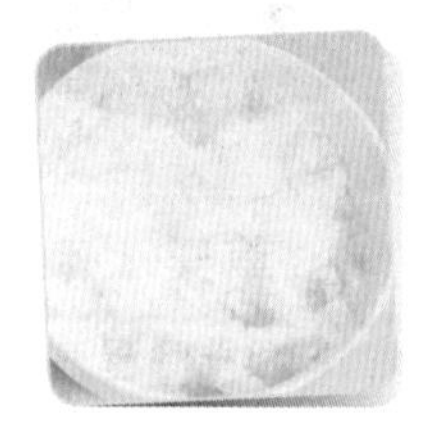

糖

包括白糖、麦芽糖、红糖等，是天然甜味剂，可以改善酱卤制品滋味和色泽。

食醋

中式糖醋类风味产品的主要调味料，与糖按照一定比例配合，可形成酸甜味，促进食欲，帮助消化。

味精

具有特殊的鲜味，可提高酱卤制品风味。

料酒

包括黄酒、白酒等，可以帮助去除膻味、腥味和异味，赋予酱卤制品独有的醇香，使制品回味甘美，增加风味特色。

蚝油

用蚝熬制而成的调味料，味道鲜美、蚝香浓郁。

料袋的制作和使用

酱卤制品在制作过程中多数使用料袋。料袋是用两层纱布制成的长形布袋，将各种香辛料装入布袋中，扎紧袋口。料袋与原料一起在酱桶中煮制，既可以保证香辛料成分的释出，又能保证酱汁干净。料袋中的香辛料种类与数量，可以根据需要随时调整。料袋中装好的香料可以使用 2 ~ 3 次，然后以旧换新，逐步淘汰。

酱汁和卤汤的使用和保存

酱卤制品加工使用的酱汁和卤汤是影响产品风味的关键因素，所以建议应用科学配方，选用优质配料，形成产品的独特风味和色泽。在这其中，老汤十分重要，老汤时间越长，酱卤产品的风味越好，第一次酱卤时，如果没有老汤，则要对配料进行相应的调整。

老汤反复使用后会有大量沉淀物而影响产品的一致性，必须经常过滤以保证老汤清洁。每次使用时应撇净浮沫，使用完毕应清洁并烧开。通常老汤每天都要使用，长时间不用的老汤应冷冻贮藏或定期煮开，以防腐败变质。

老汤

主料

猪棒骨……2500克

辅料

盐	100克	花椒	12克
味精	50克	干红辣椒	5克
葱	150克	酱油	500毫升
姜	100克	料酒	100毫升
八角	25克	清水	10升

制作

1. 猪棒骨洗净砸断（第一次必须用，后面可以逐渐减量）；葱洗净切段，姜洗净切片；八角、花椒、干红辣椒包成料包。
2. 汤桶加水、猪棒骨烧开，撇去浮沫，加入葱、姜、料包、料酒、酱油，再放入盐、味精调好口味。
3. 酱汤要连续使用，即为老汤。

潮州卤水

主料

猪脊骨……5000克
猪扇骨……1500克
老母鸡……1只
鸡架……8只
鲜鸡油……750克

辅料

南姜	1000克	老抽	200毫升
干香茅	200克	玫瑰露酒	200毫升
甘草	60克	鱼露	200毫升
花椒粒	50克	冰糖	适量
桂皮	50克	精盐	适量
小茴香	40克	味精	适量
八角	40克	鸡粉	适量
香叶	30克	植物油	适量
干沙姜片	30克	大葱	500克
丁香	25克	生姜	500克
干果皮	20克	香菜	400克
草果	10粒	大蒜肉	300克
生抽	200毫升	红葱	250克

制作

1. 主料用开水焯水后，加入清水50升，大火煮开，去掉浮沫，转中小火煲约4小时，滤渣。
2. 大葱、生姜、大蒜肉、红葱用植物油油炸至金黄。
3. 将辅料加入汤中调味，再将炸好的调味蔬菜放入汤桶即可。

豉油皇卤水

辅料

生抽	3000克	草果	10克
冰糖	1.5克	花椒	10克
生姜	100克	小茴香	8克
红曲米	50克	香叶	5克
甘草	20克	丁香	5克
桂皮	20克	白蔻	5克
八角	20克	红蔻	5克
沙姜	15克	罗汉果	1个
陈皮	15克	花雕酒	150毫升

制作

1. 将配方中所有材料装入汤袋，放入酱桶中。
2. 加入适量清水煮开，再小火煮约30分钟即成。

第二节 常见酱卤制品

◇◇酱制品

主料

猪下五花肉（带皮）……1500 克

调料

酱油……400 克	花椒……适量
八角……1 枚	葱……适量
草果……1 个	姜……适量
肉蔻……3 克	盐……适量
香叶……2 片	味精……适量
糖色……50 克	老汤……适量

特点

酱制好的五花肉成形美观，酱汁浓郁，能够实现软嫩的口感与鲜亮的色泽感。

1 将新鲜五花肉修整成形，用清水清洗干净备用。

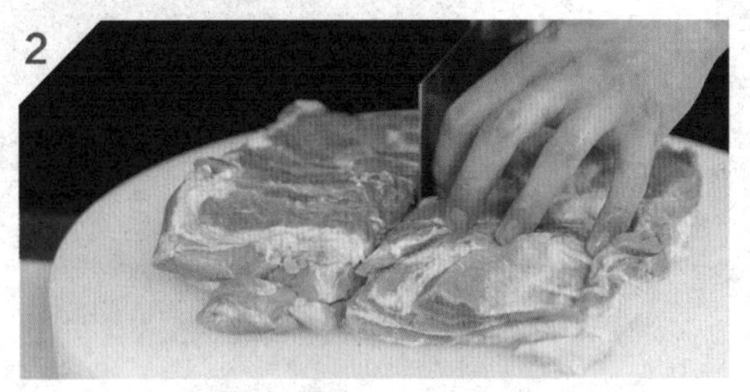

2 将下五花肉切成长和宽为 15 厘米的大块。

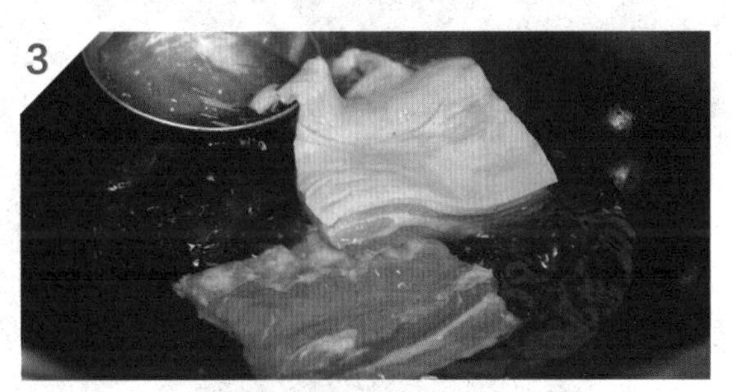

3 将下五花肉放入沸水锅中焯烫至断血捞出，清洗备用。

4 酱桶加入老汤和水，加入酱油和糖色烧开。

5 放入料包（八角、肉蔻、花椒、香叶）和其他调料熬 10 分钟，放入五花肉，小火焖煮，酱 1 小时至软烂，捞出切片装盘即可。

酱香猪蹄

主料

新鲜猪蹄 ………………………………… 2000克

调料

酱油	130克	八角	3个
盐	15克	干辣椒	2个
葱段	25克	花椒	适量
姜片	25克	老汤	适量

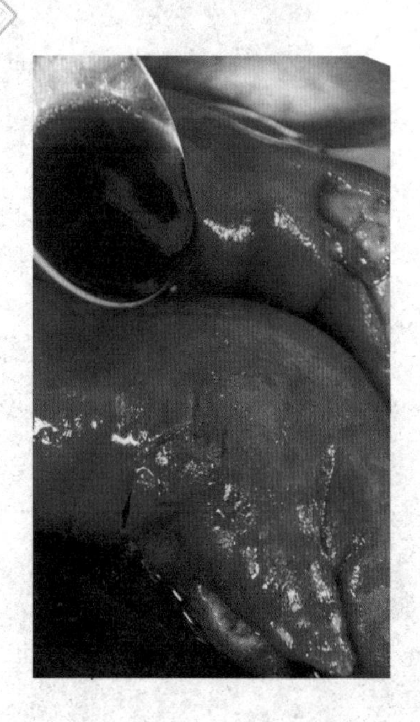

特点

猪蹄含有丰富的胶原蛋白，具有美容的效果，酱制后色泽金红，酱香浓郁，方便随时取用。

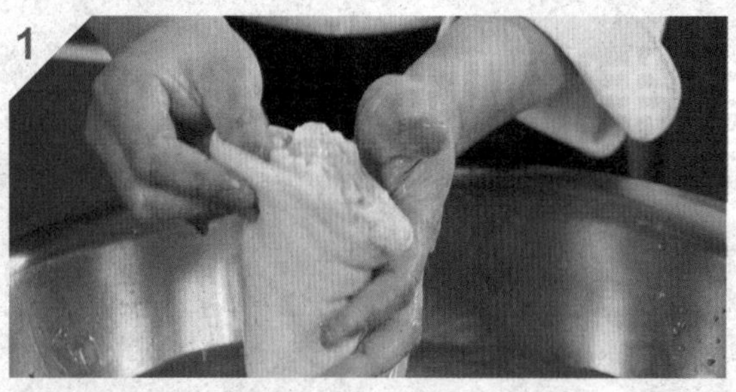

1 将猪蹄用清水冲洗净血污，放入开水中焯烫，捞出后再次用清水洗净。

2 用小火将猪蹄上的毛烧干净，再用刷子刷一遍，放入清水中浸泡。

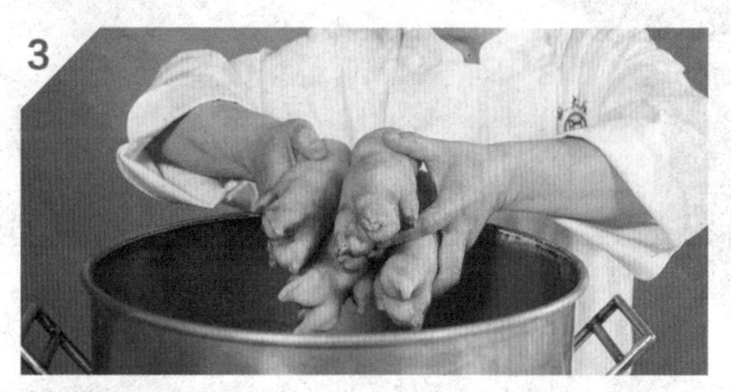

3 准备酱桶，放入猪蹄、老汤、适量水，加盐、酱油、料包（八角、花椒、干辣椒）、葱段、姜片。

4 大火烧开酱汤，撇去上层浮沫，改小火酱制2小时。

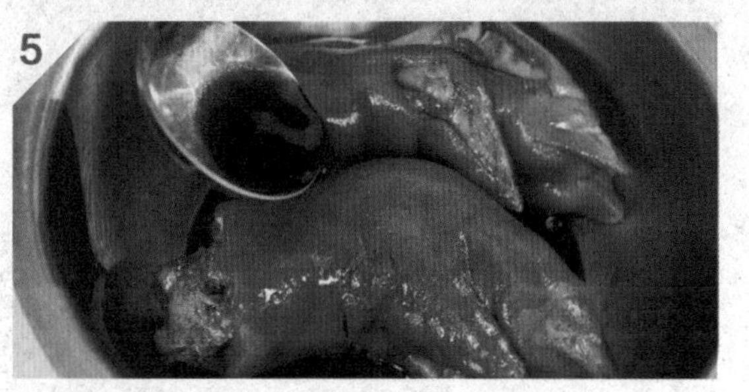

5 将酱好的猪蹄捞出，放入盘中晾凉，食用时拆块即可。

酱制肥肠

主 料

新鲜猪大肠 ……………………………1000 克

调 料

酱油	150 克	葱段	适量
八角	1 个	姜片	适量
干辣椒	2 个	白醋	适量
花椒	适量	盐	适量

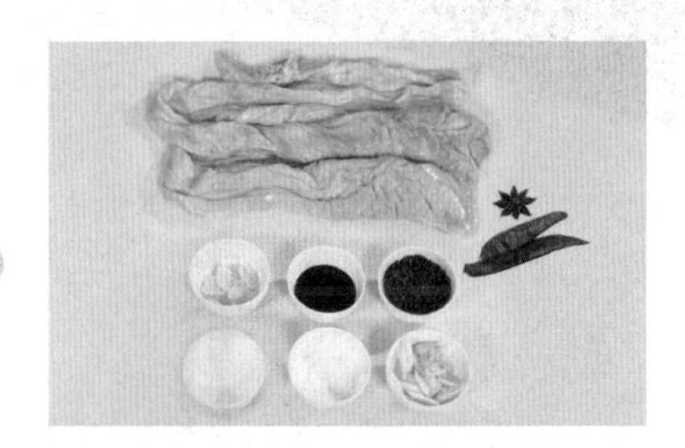

特 点

猪大肠经过酱制后，色泽红亮，软烂可口，有浓郁的酱香味。

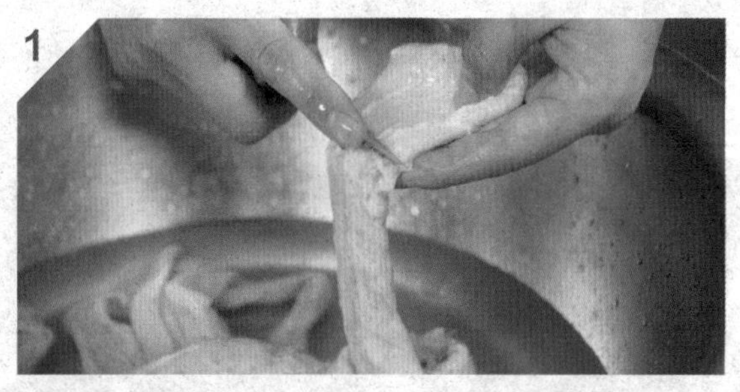

1 新鲜猪大肠从粗的一头翻过来，择净里面油脂，再清洗一遍。

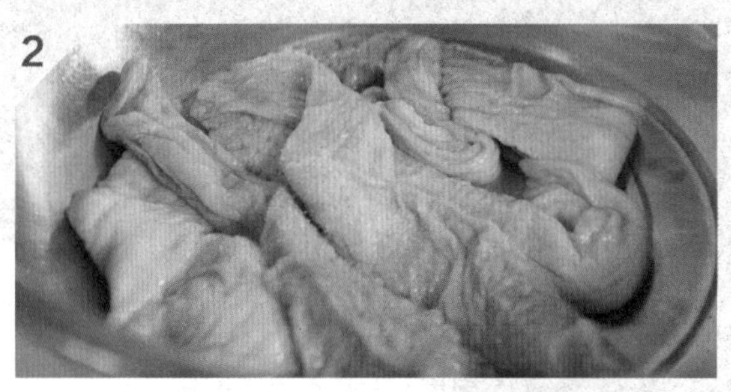

2 猪大肠放入盆中，加白醋、盐搓洗干净，再刮一下表面，洗净。

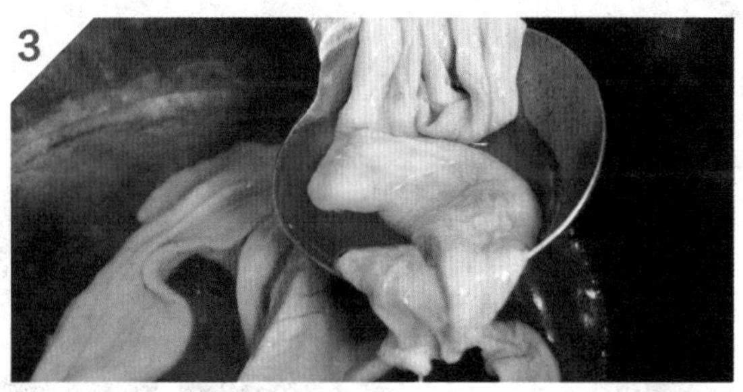

3 将洗干净的大肠翻回去，放入开水中焯烫，用清水再次洗净备用。

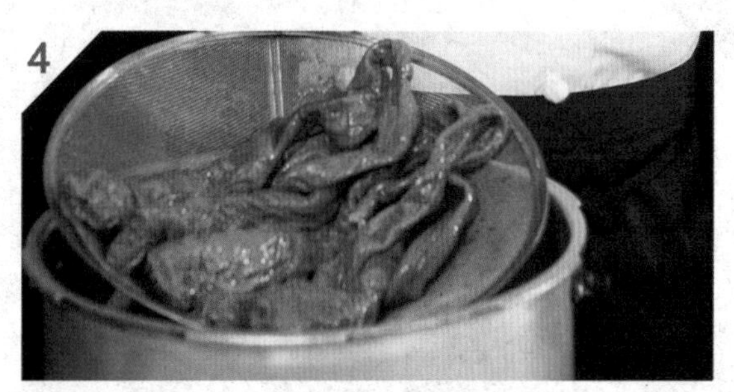

4 准备酱桶，加入水、大肠、盐、料包（干辣椒、花椒、八角）、葱段、姜片、酱油，大火烧开，撇去浮沫，改小火煮 60 分钟后捞出。

5 猪大肠放入盘中，浇上原汤，晾凉即可。

酱猪心

主料

新鲜猪心……800 克

调料

酱油	150 克	八角	2 个
葱段	30 克	干辣椒	2 个
姜片	30 克	花椒	5 克
盐	20 克	味精	适量

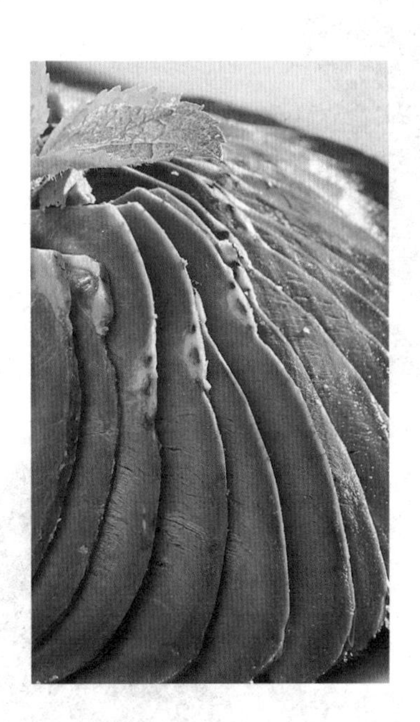

特点

酱好的猪心口感筋道，咸香、辣味、椒香融合，口感非常好，适用于冷拼摆盘。

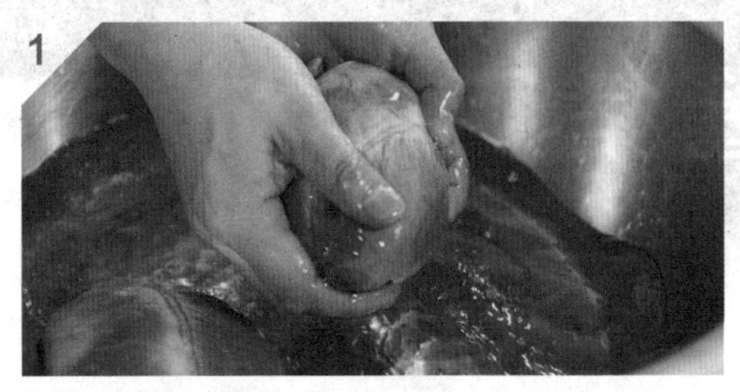

1 将猪心用清水洗净，挤出里面的血块。

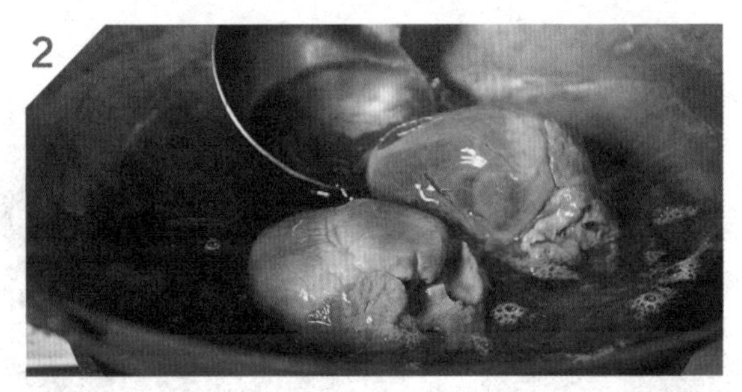

2 将猪心放入开水中，焯烫一会儿，捞出，再冲洗净血污。

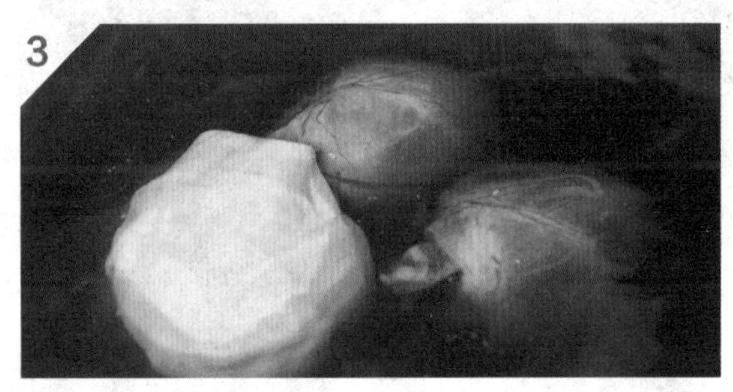

3 锅内加入适量水，放入猪心、料包（八角、花椒、干辣椒）。

4 加入盐、酱油、葱段、姜片，大火烧开，捞出浮沫，改小火焖 90 分钟，捞出。

5 将入味晾凉的猪心切片，装盘即可。

酱猪口条

主料

新鲜猪口条 …………………………… 2个

调料

酱油	200克	盐	适量
八角	2个	葱段	适量
干辣椒	1个	姜片	适量
花椒	适量	味精	适量

特点

酱口条含丰富的蛋白质，酱制后酱香浓郁，并且具有质地细腻、口感独特的优点。

1

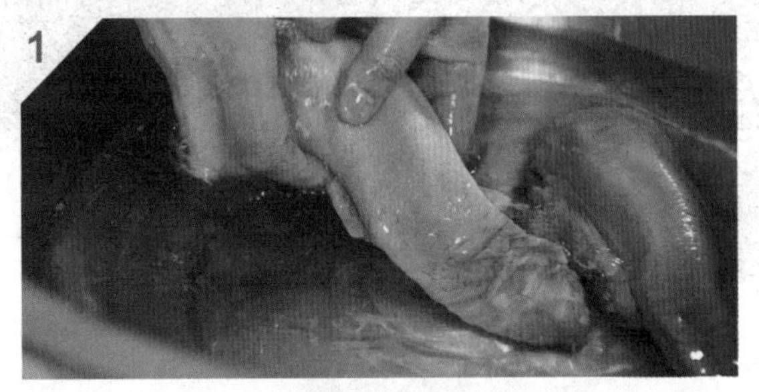

将新鲜猪口条入清水中洗净，放入开水中焯烫，捞出。

2

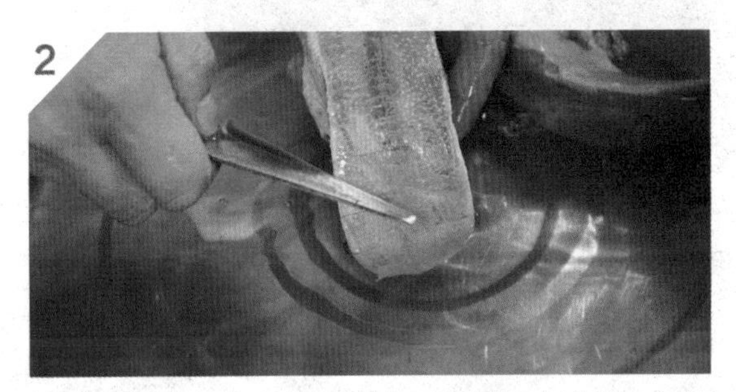

将猪口条表面白舌苔刮干净，再用清水冲洗，浸泡一会儿。

3

准备酱桶，加入水、猪口条、料包（干辣椒、花椒、八角）、葱段、姜片、酱油、盐、味精。

4

用大火烧开，撇净浮沫，改小火酱制90分钟。

5

将猪口条捞出，放入盘中，浇上原汤，食用时切片即可。

酱猪耳

主料

新鲜猪耳 ······························ 1000克

调料

酱油	150克	花椒	适量
盐	15克	葱段	适量
八角	2个	姜片	适量
干辣椒	2个	老汤	适量

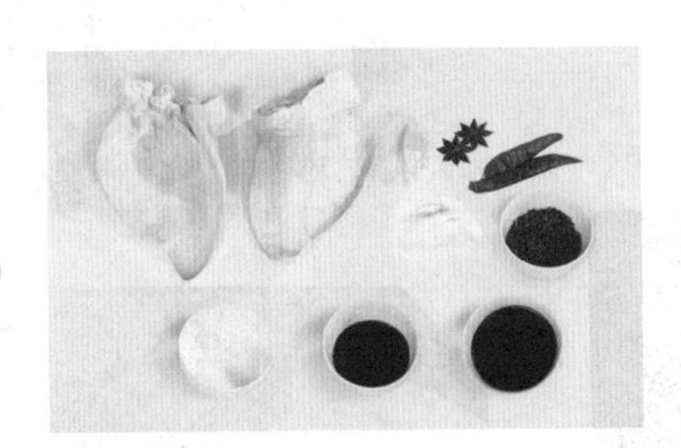

特点

酱猪耳是很多人的最爱，酱好的猪耳朵柔韧脆嫩，富含胶质，切条凉拌是不错的凉菜选择。

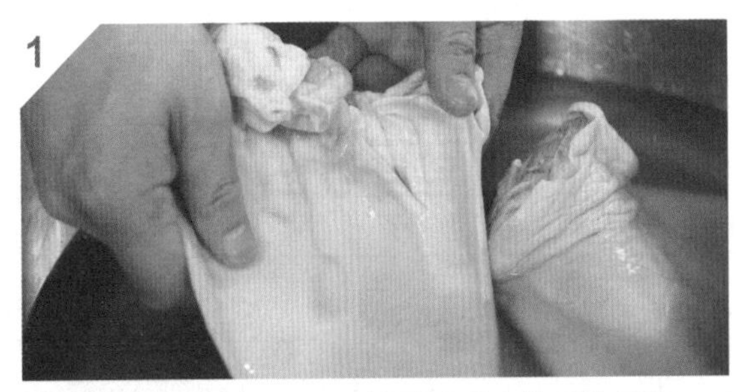

1 猪耳朵清洗干净，用小火把猪耳朵上的毛烧干净。

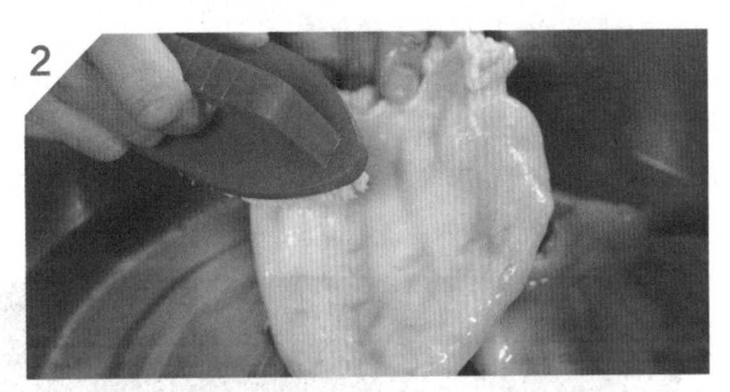

2 再将猪耳朵用刷子刷干净，放入开水中焯烫，捞出洗净。

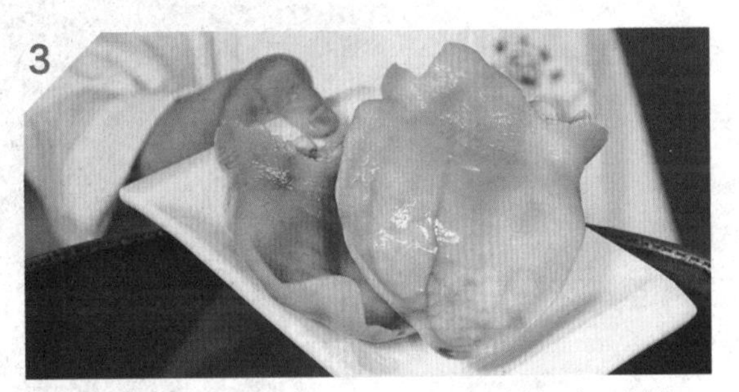

3 准备酱桶，加入猪耳朵、水、老汤、料包（干辣椒、花椒、八角）、葱段、姜片、盐、酱油。

4 酱桶烧开，改小火慢煮90分钟。

5 将猪耳朵捞出放入盘中，浇上原汤即可。

酱猪排

制作

1. 鲜猪肋排用清水洗净，顺骨缝割成条状。
2. 放入沸水中焯烫，然后捞出用清水洗净。
3. 准备酱桶，加入老汤、水、酱油和料包（八角、肉蔻、花椒、香叶、草果）、糖色、葱段、姜片、盐熬制 10 分钟。
4. 将猪肋排放入酱桶中，大火开锅，改小火煮 40 分钟，捞出晾凉即可。

主料

猪肋排 1000 克

调料

酱油 300 克，葱段 40 克，姜片 30 克，盐 20 克，糖色 20 毫升，草果 1 个，肉蔻、香叶、八角、花椒、高汤各适量

1

2

3

4

特点

酱猪排用适当的火候酱制后，颜色酱红，软烂离骨、鲜香可口。

酱牛蹄筋

主料

新鲜牛蹄筋 1000 克

调料

酱油 300 克，小茴香 5 克，白芷 3 克，丁香 3 克，八角、草果、干辣椒、老汤、葱段、姜片、盐各适量

制作

1. 将新鲜牛蹄筋用清水洗净，放入开水中焯烫，捞出冲水 30 分钟。
2. 将八角、草果、白芷、丁香、小茴香、干辣椒包成料包。
3. 准备酱桶，加水、老汤、入料包、葱段、姜片、盐、酱油，大火煮 10 分钟。
4. 熬好的汤中加入牛蹄筋，小火焖煮 3 小时至软烂，切片装盘即可。

1

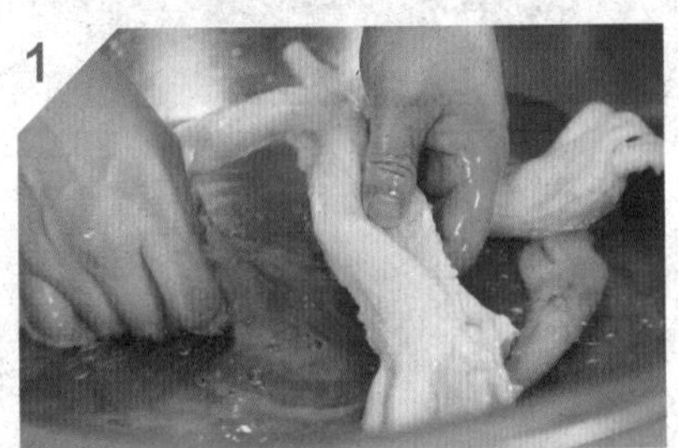

2

3

4

特点

牛蹄筋经过酱制后，软烂可口，并且具有红亮诱人的色泽，香味浓郁。

酱猪腱肉

主料

新鲜猪腱肉……………………1000 克

调料

酱油………	80 克	干辣椒………	2 个
葱段………	20 克	八角………	2 个
姜片………	20 克	花椒………	少许
盐………	10 克	味精………	少许

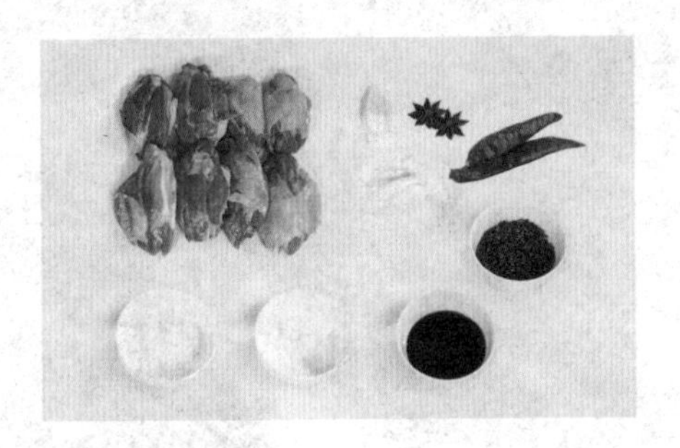

特点

猪腱肉都是精瘦肉，酱制后肉质紧密，咸鲜味香，切片制作冷拼也非常合适。

1 将猪腱肉修去淋巴筋膜等，清水洗净，放入开水中焯烫捞出。

2 准备酱桶，加水、猪腱肉，以刚好没过为准。

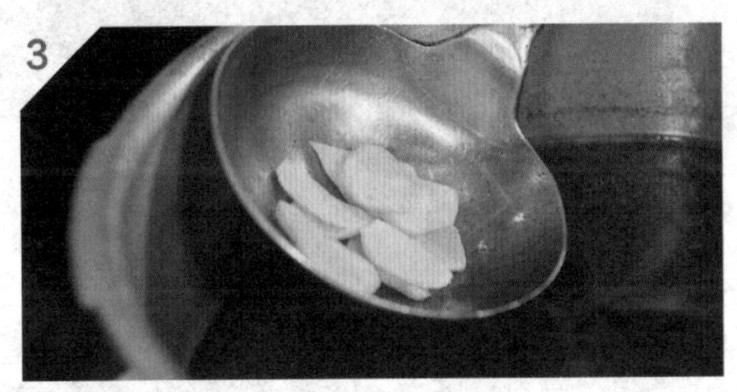

3 加入葱段、姜片、料包（干辣椒、八角、花椒）、酱油、味精。

4 大火烧开，撇去浮沫，加盐，改小火慢煮 90 分钟。

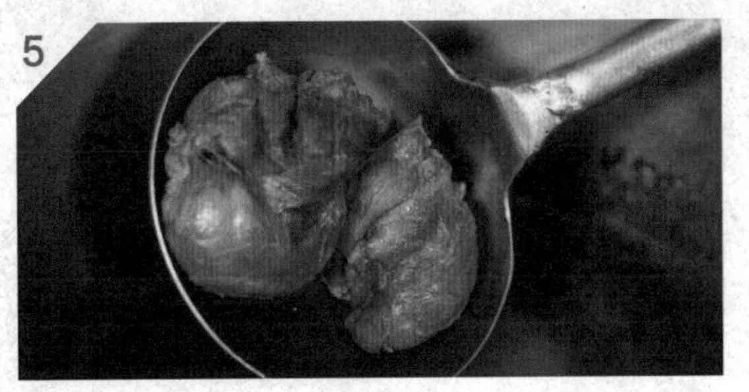

5 将猪腱肉捞出，切片装盘即可。

酱猪尾

主料

新鲜猪尾……1000克

调料

酱油……100克
葱段……30克
姜片……30克
八角……2个
干辣椒……1个
老汤……适量
花椒……适量
小茴香……适量
盐……适量

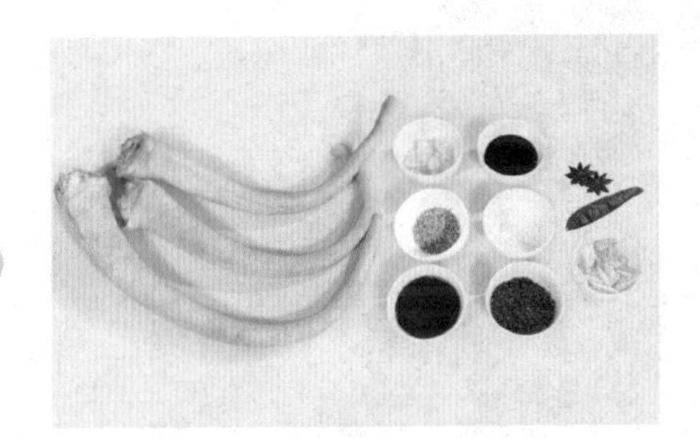

特点

猪尾胶质丰富，酱制后软糯可口，酱香浓郁，是一道老少皆宜的美食。

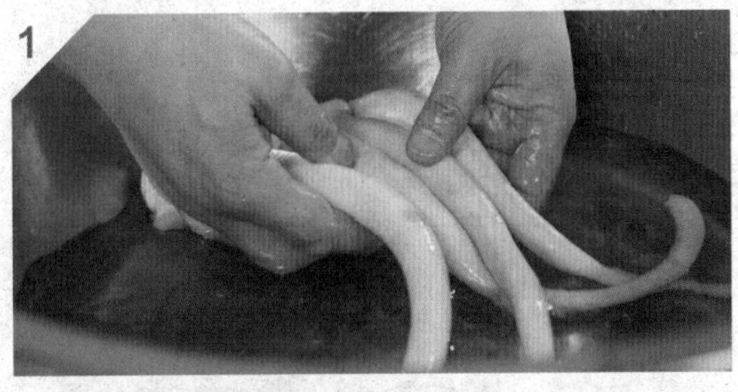

1 将猪尾用清水浸泡，然后洗净血污。

2 将洗干净的猪尾放入开水中焯烫，捞出再次用清水洗净。

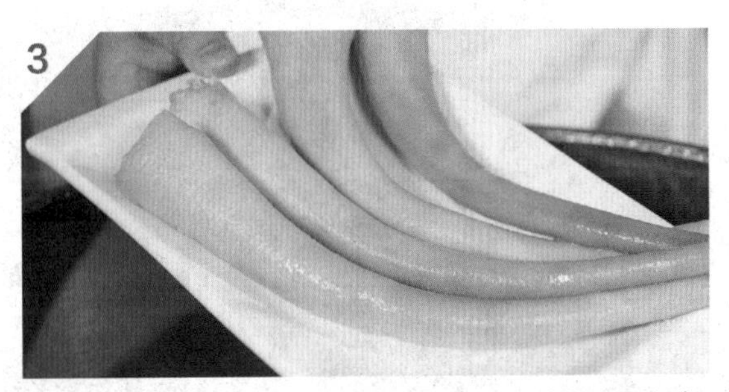

3 准备酱桶，加水、猪尾、料包（干辣椒、花椒、八角），酱油、葱段、姜片、盐，大火烧开。

4 大火煮开，撇去浮沫，改小火酱制90分钟，捞出。

5 将猪尾放入容器，浇上原汤即可。

酱猪头肉

主料

新鲜猪头 ………………………… 2500 克

调料

酱油	300 克	干辣椒	适量
老抽	50 毫升	花椒	适量
盐	20 克	桂皮	适量
冰糖	15 粒	香叶	适量
八角	适量	油	适量

特点

将买来的猪头浸泡去血水，然后小火酱制，成品猪头肉色泽红润，肉质香而不腻，咸度适中。

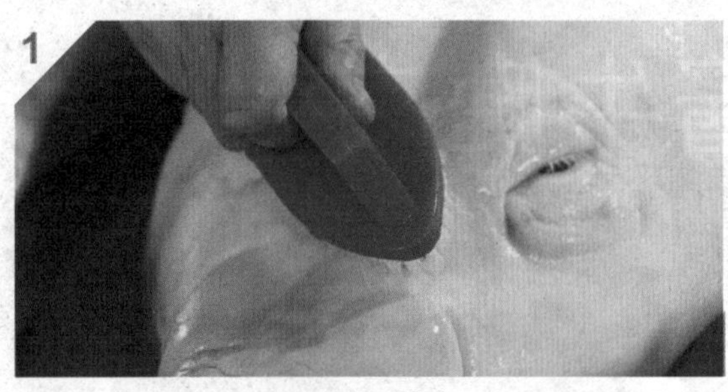

1 用火烧去新鲜猪头上面的毛，用硬刷子刷净，清理凹陷处、眼角褶皱等处。

2 把酱料（八角、干辣椒、花椒、桂皮、香叶）包成料包，冰糖放入锅中，小火炒成糖色。

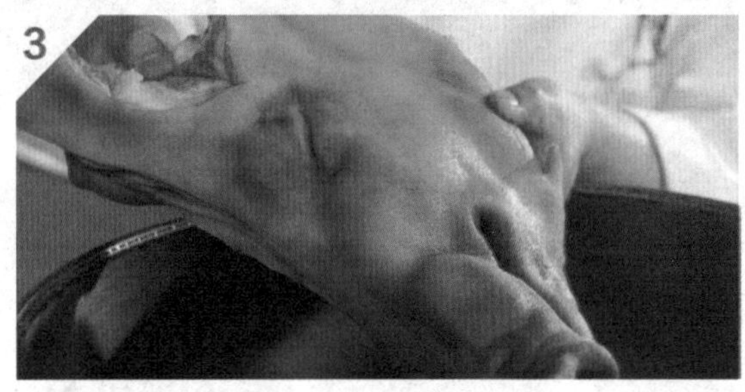

3 准备酱桶，放入猪头，加水以没过为准，加入料包、糖色、盐、酱油，加入老抽调色。

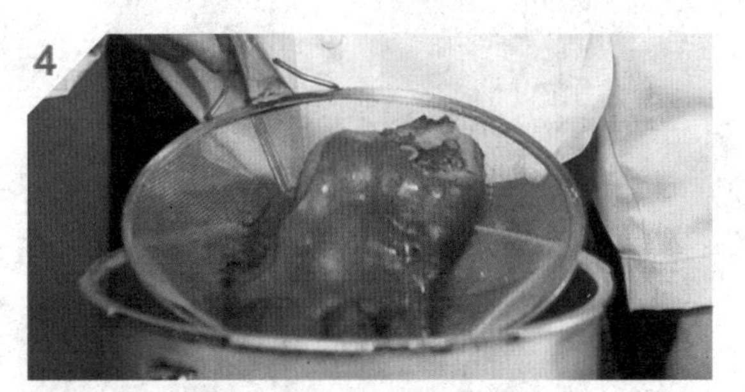

4 酱桶用大火烧开，转小火酱制 90 分钟，捞出猪头。

5 将酱猪头放入盘中，浇上原汤，抹上油保持油润，切片食用即可。

酱牛腱肉

主料

新鲜牛腱肉……………………1000 克

调料

葱段	20 克	小茴香	适量
姜片	20 克	老抽	适量
八角	5 个	生抽	适量
干辣椒	3 个	蚝油	适量
丁香	3 克	酱油	适量
陈皮	2 克	老汤	适量
花椒	适量		

特点

酱牛腱肉肉嫩而不腻，酱香浓郁，色泽油润。

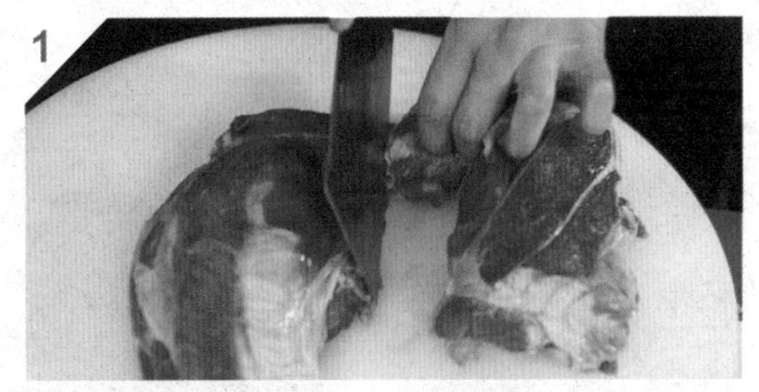

将新鲜牛腱肉切成大块，放入清水中浸泡。

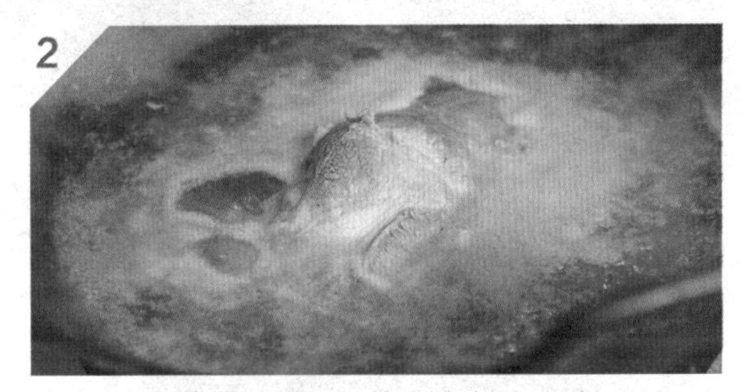

牛腱肉放入开水中焯烫，捞出洗净。

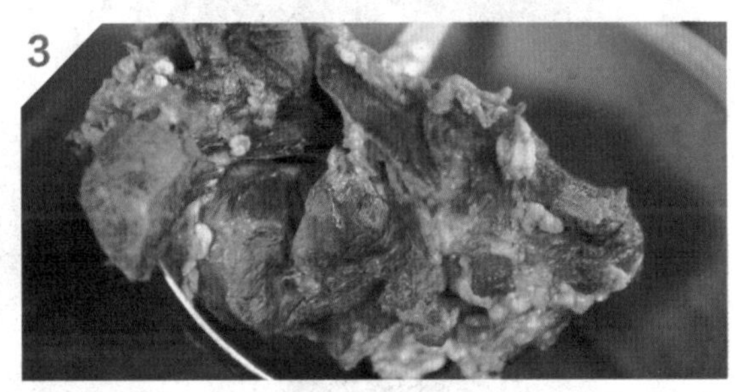

准备酱桶，加水、老汤、牛腱肉、料包（丁香、陈皮、八角、花椒、小茴香、干辣椒）、盐、生抽、老抽、蚝油、葱段、姜片、酱油。

大火煮开，撇去浮沫，改小火焖煮 120 分钟，将酱好的牛腱肉捞出。

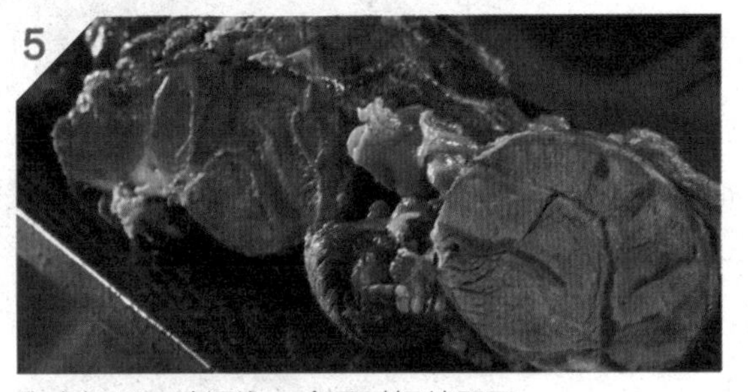

牛肉加原汤汁浸泡，食用时切片即可。

酱牛肋骨

主料

牛肋骨……………………………1000 克

调料

酱油	200 克	老汤	适量
小茴香	5 克	盐	适量
丁香	3 克	味精	适量
白芷	3 克	美极鲜味汁	适量
八角	1 个	葱段	适量
草果	1 个	姜片	适量

特点

酱香浓郁、口感软烂、咸鲜可口，并且牛肉具有很好的强身健体作用。

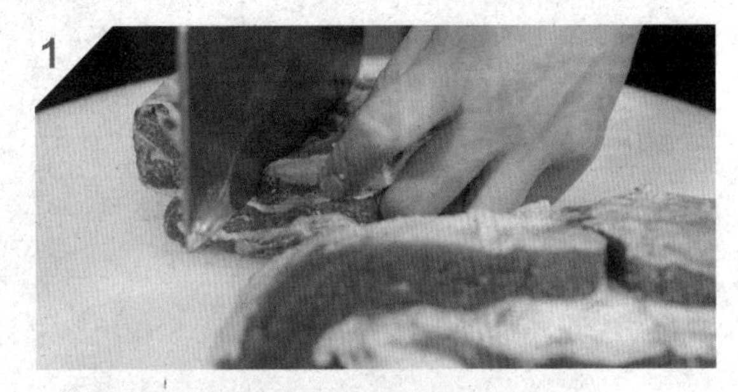

1 将牛肋骨用清水洗净，斩成大块。

2 斩好的牛肋骨焯水至断血，捞出洗净，放入清水中浸泡。

3 将八角、草果、丁香、白芷、小茴香包成料包。

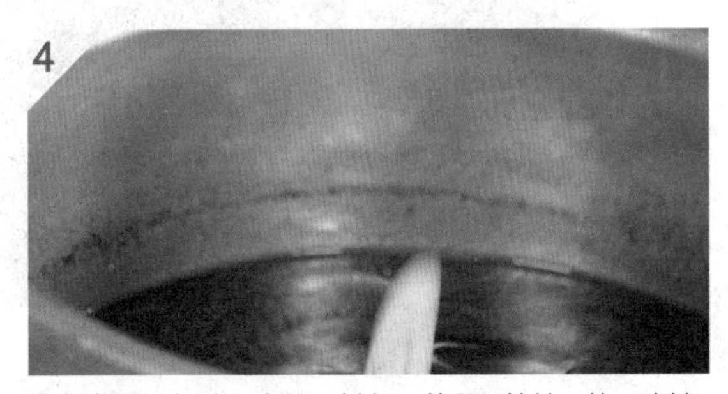

4 准备酱桶，加水、老汤、料包、葱段、姜片、盐、味精、酱油、老汤、美极鲜味汁煮 10 分钟。

5 放入牛肋骨煮开，转小火焖煮 90 分钟至软烂即可。

酱香鸡胗

主 料

新鲜鸡胗 ………………………… 500 克

调 料

老汤	500 毫升	肉蔻	1 个
葱段	10 克	花椒	适量
姜片	10 克	陈皮	适量
八角	1 个	丁香	适量
草果	1 个	桂皮	适量

特 点

酱香鸡胗可以将鸡胗的弹性与酱香结合，香味浓郁、色泽红润。

1 新鲜鸡胗用温水浸泡一会儿，刮洗干净。

2 鸡胗放入开水中焯烫一下，捞出，再用清水冲凉。

3 锅内加入老汤、清水、料包（八角、花椒、肉蔻、陈皮、丁香、桂皮、草果）、葱段、姜片，熬 10 分钟。

4 放入鸡胗大火煮开，转小火酱制 15 分钟，浸泡 30 分钟。

5 将鸡胗捞出，切薄片，装入盘中即可。

酱鸡心

主料

鸡心……500克

调料

酱油	100克	香叶	3片
葱段	20克	干辣椒	2个
姜片	20克	老抽	适量
盐	10克	老汤	适量
花椒	10克	油	适量
八角	4粒		

特点

酱鸡心肉质细嫩，经过酱制后可以去除异味，保留浓郁的酱香味道，咸鲜适口。

1

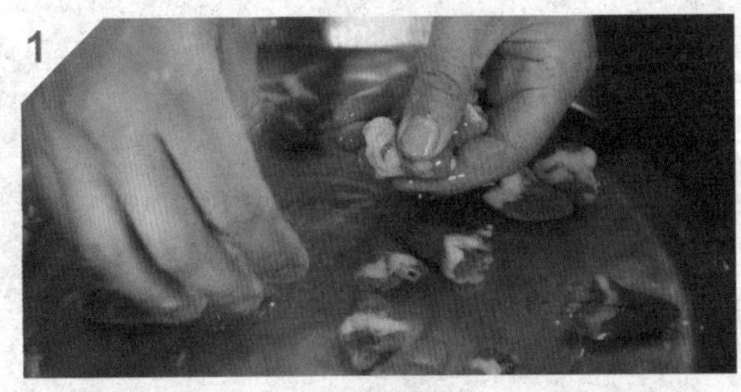

将鸡心洗净，放在清水中浸泡。

2

将鸡心用剪刀剪开，挤去里面的血块，再次冲洗干净。

3

将鸡心放入开水中焯烫，捞出再次清洗干净。

4

锅内注油烧热，加入葱段、姜片爆香，拣出不用，加入老汤、料包（花椒、八角、香叶、干辣椒）、酱油、盐。

5

放入鸡心大火煮开，转小火酱制30分钟，捞出装盘即可。

酱凤爪

主料

凤爪 ………………………………… 600 克

调料

香叶	2 片	味精	适量
草果	1 个	白糖	适量
桂皮	1 小段	料酒	适量
老汤	适量	蜂蜜	适量
花椒	适量	白醋	适量
盐	适量	油	适量

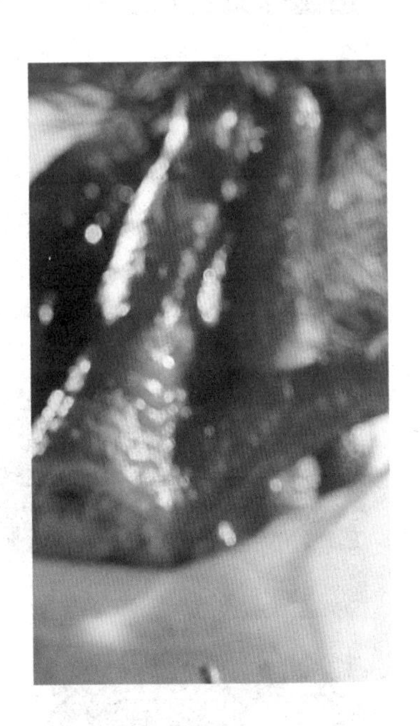

特点

酱好的凤爪色泽金黄，因为经过油炸，所以具有虎皮的特点，肉质软糯脱骨。

1

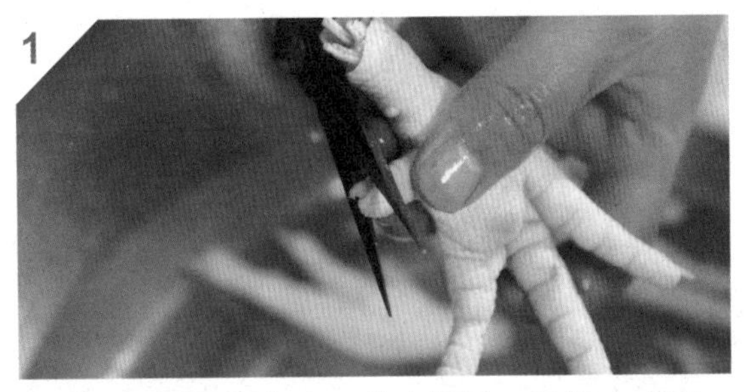

凤爪洗净，搓去老皮，剪去指甲，浸泡 1 小时，去除血污。

2

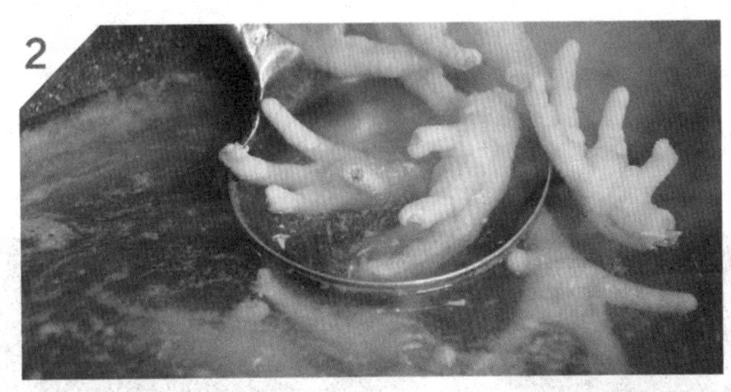

锅中加入蜂蜜、白醋、清水煮沸，加入凤爪焯烫，捞出凉凉吹干。

3

锅中加油烧六成热，放入凤爪，炸至金黄色备用。

4

酱桶中加入清水、老汤、料包（香叶、草果、桂皮、花椒）、盐、味精、白糖，调好酱汤。

5

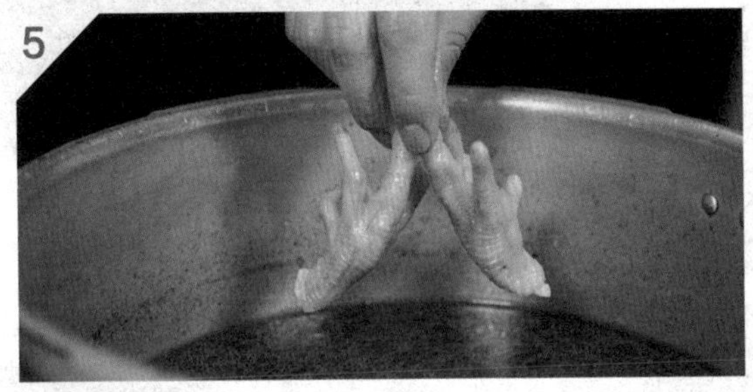

放入凤爪，大火烧开，转小火酱制 1 小时，捞出凉凉即可。

酱香鲍鱼

主 料

活鲍鱼 3 只

调 料

老汤、烧汁、糖浆、八角各适量

制 作

1. 活鲍鱼去壳，择洗干净，放入高压锅蒸 20 分钟，取出备用。
2. 准备酱桶，加入老汤、水、烧汁、糖浆、八角烧开。
3. 放入鲍鱼，再次大火烧开，转小火酱制 10 分钟。
4. 将酱制好的鲍鱼倒入容器中，浇上汤汁，晾凉装盘即可。

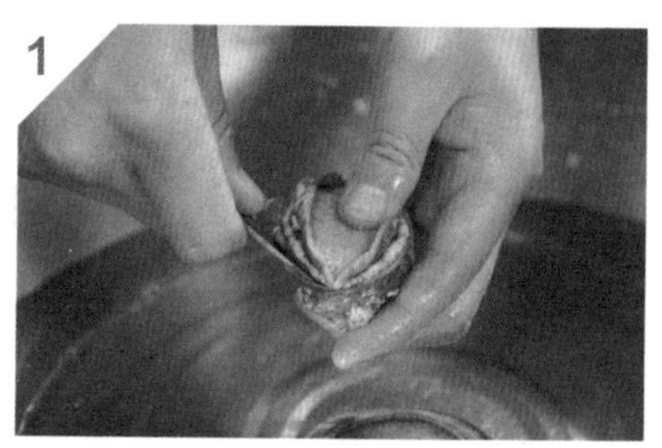

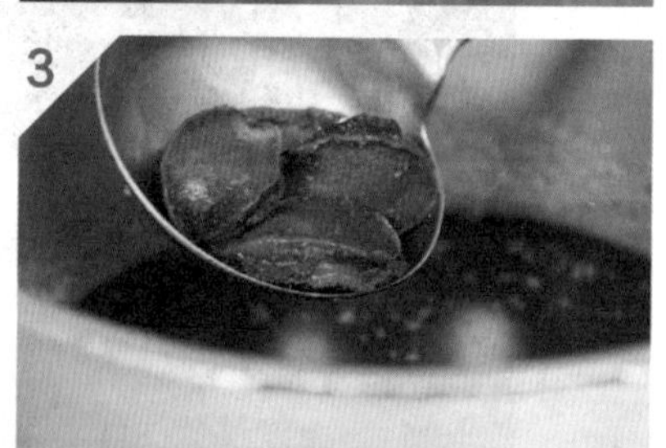

特 点

酱香鲍鱼造型精致，色泽红润，能够融合鲍鱼的鲜美与酱香味道。

酱仔鸡

主 料

仔鸡 1 只

调 料

酱油 300 克，糖色 100 毫升，白芷 3 克，八角 1 个，老汤、花椒、盐、味精、葱段、姜片各适量

1

2

3

4

特 点

酱仔柴鸡口感软烂、鲜香浓郁、色泽红润。

制 作

1. 将杀好的仔鸡鸡翅从口中穿过，别好，放入沸水中焯烫至断血，放入清水中浸泡。
2. 将白芷、八角、花椒包成料包备用。
3. 准备酱桶，加入老汤和水烧开，放入糖色、酱油、料包、葱段、姜片、盐、味精，煮 10 分钟。
4. 放入仔鸡，中火煮 15 分钟，小火焖煮 30 分钟至软烂即可。

卤制五花腩

主料

带皮五花腩……500克

调料

白糖……200克　卤水……适量

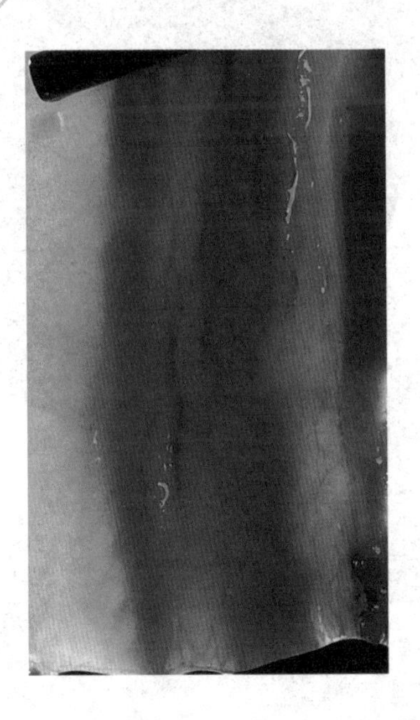

特点

卤制好的五花腩皮、脂肪、瘦肉分层，十分美观，口感较好，色泽也红亮诱人。

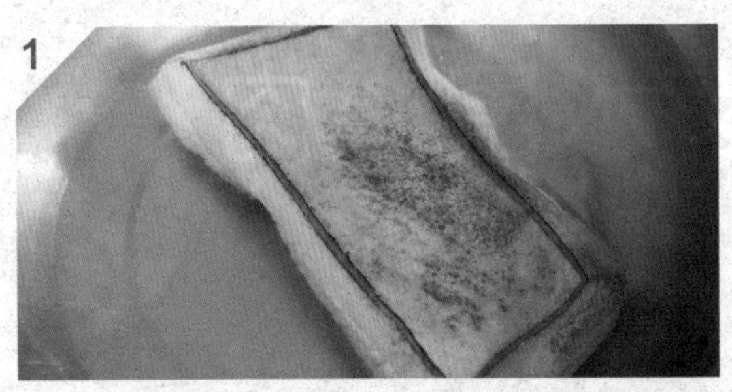

1 将改好刀的五花腩皮朝下，放在烧红的锅底烧掉猪毛，放入凉水中浸泡，刷子洗净表皮。

2 五花腩放入开水中，煮20分钟左右，取出，把五花腩用清水冲洗净。

3 将白糖放入锅中，小火炒成糖色，添入开水，放入五花腩浸泡3～4小时。

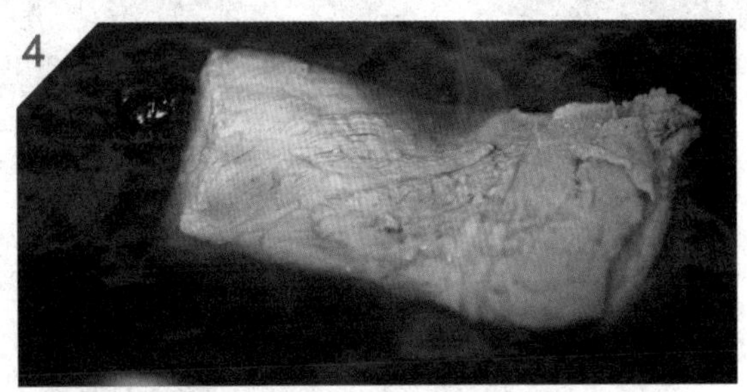

4 准备酱桶，把调好味的卤水煮开，放入上好糖色的五花腩肉。

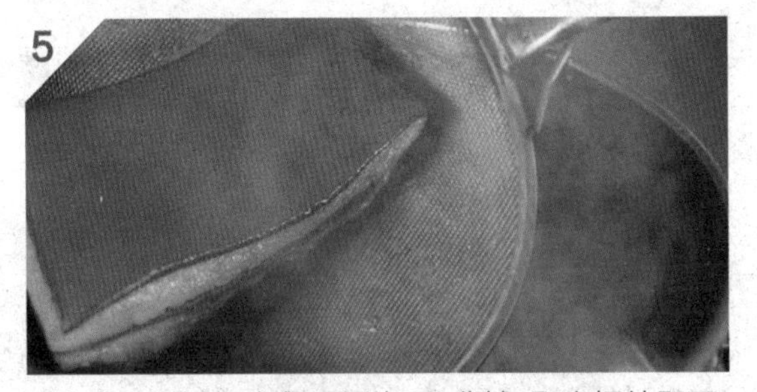

5 小火煮20分钟，在锅里浸泡20分钟，取出切片即可。

卤水围心肉

主 料

围心肉 ………………………………… 500 克

调 料

卤水 ………… 适量

特 点

围心肉即护心肉，就是拽着心脏的组织，卤好后口感香而不腻，又富有弹性。

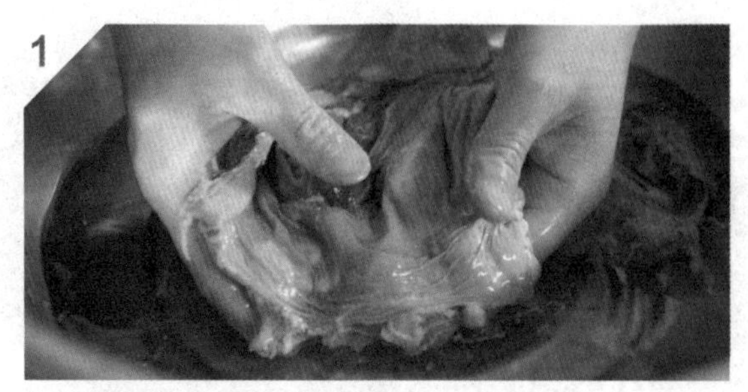

1 围心肉挑干净杂质、杂肉，用清水洗净。

2 将围心肉放入开水中焯烫一遍，捞出。

3 再次将围心肉用清水冲洗，捞出沥干备用。

4 准备酱桶，倒入卤水，大火煮开，放入围心肉，小火煮 50 分钟。

5 将围心肉捞出，改刀切成段，装盘即可。

卤熏鸡翅中

主料

新鲜鸡翅中……500克

调料

白糖……200克　油……适量
豉油皇……适量　盐……适量
卤水……适量　泡开的茶叶……适量
糖色……适量

特点

卤熏鸡翅中色泽金黄，肉质细嫩，带有浓郁的茶香味道，可以解腻提香。

1 新鲜鸡翅中洗净，焯烫，放入糖色水中浸泡3～4个小时，然后加盐的豉油皇卤水中浸泡约10分钟。

2 炒锅烧热加油，把预先泡开的茶叶炒出香味。

3 将白糖均匀撒入，边撒边炒。

4 待起黄烟时，迅速把竹网放在茶叶上面，把鸡翅中摆开。

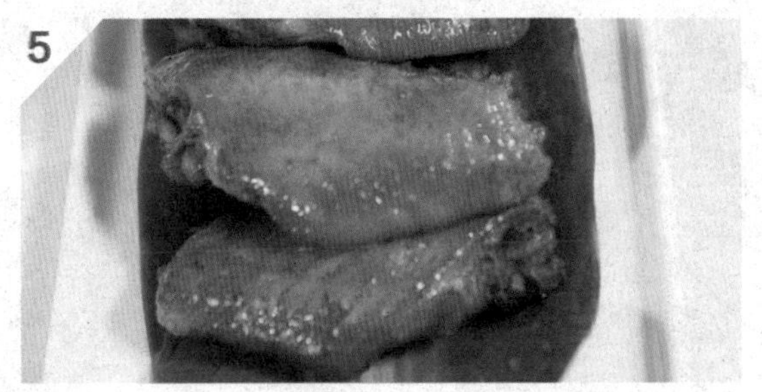

5 盖上锅盖，熄火后再熏15分钟，开盖取出鸡翅中，装盘即成。

卤水羊肉

主料

带皮羊肉……………………………400 克

调料

卤水…………适量

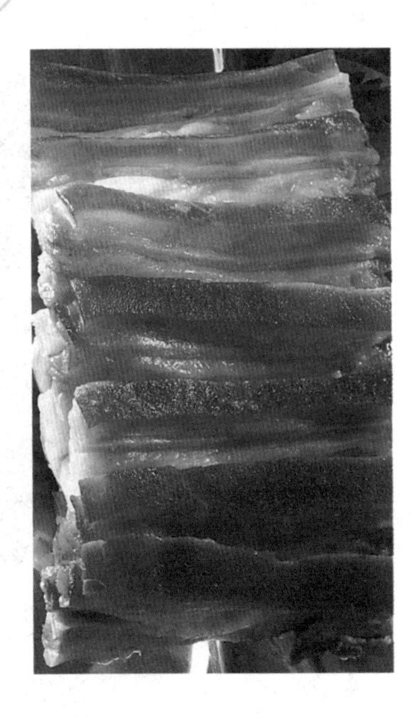

特点

卤水羊肉可以将羊肉的腥膻味转变成浓郁的香味，卤制后色泽、口感都很不错。

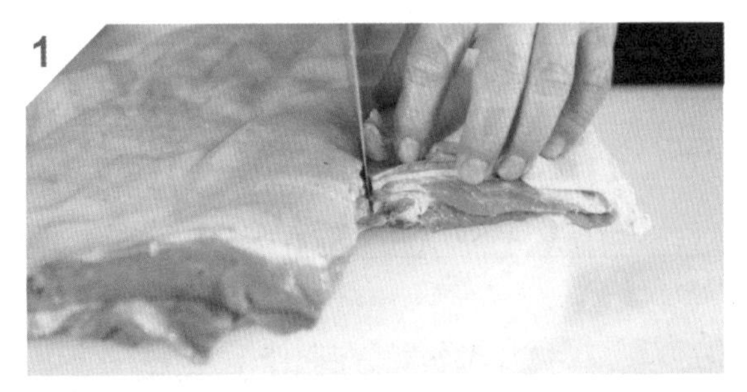

带皮羊肉洗净，改刀整形。

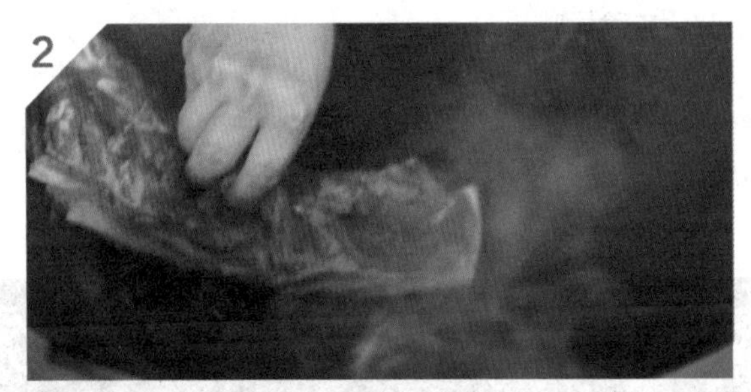

将改好刀的带皮羊肉皮朝下，紧贴烧红锅底，烧掉表皮的羊毛。

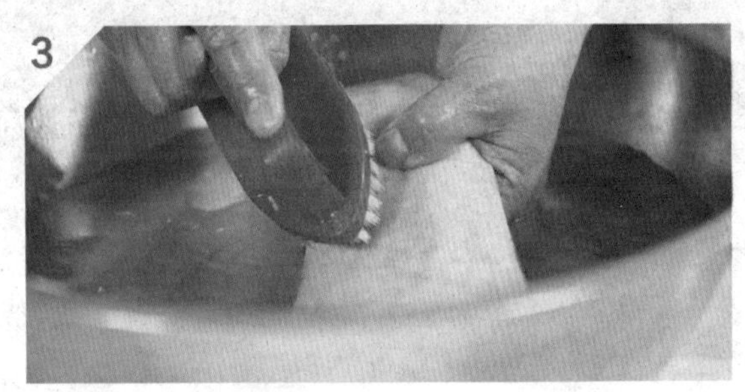

把带皮羊肉放入清水中浸泡，刷洗净带皮羊肉表皮。

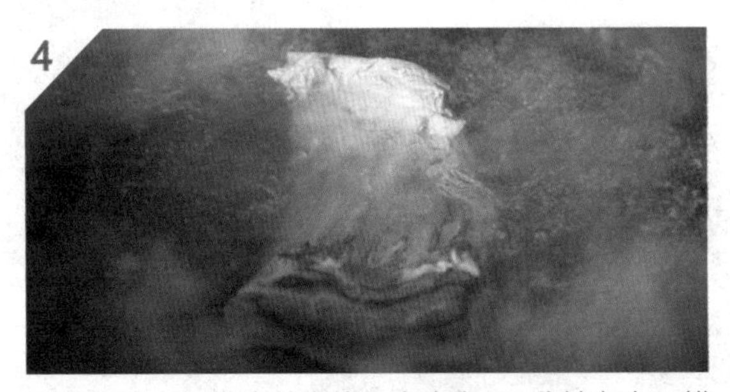

锅里放清水，带皮羊肉放入水中煮 20 分钟左右，捞出洗净。

准备酱桶，放入羊肉、卤水烧开，转小火煮 20 分钟，在锅里浸泡 20 分钟，捞出羊肉切片装盘。

开水全腰

制作

1. 将猪腰去除表皮、黏膜，柠檬切片，与白醋、盐一起放入猪腰中，加冰水泡制 12 小时，去除异味。
2. 锅内加水、杜仲、葱段、姜片、八角、味精、白酒、盐煮开 20 分钟。
3. 猪腰汆水洗净，加入锅中，开锅 5 分钟后关火，闷熟即可。
4. 将猪腰改刀装盘即可

主料

生猪腰 500 克

调料

杜仲、葱段、姜片、八角、柠檬、醋、盐、白酒各适量

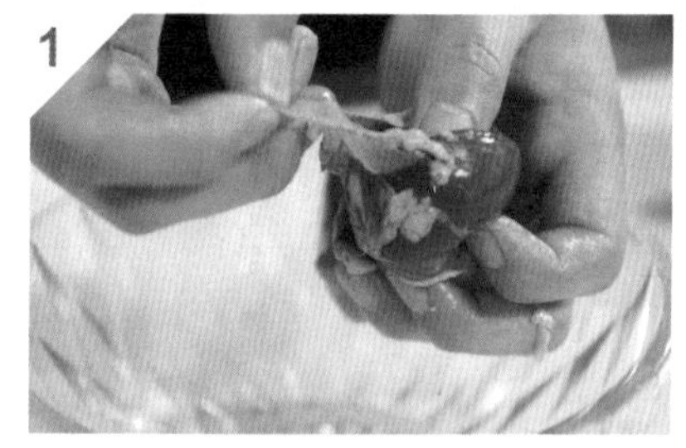

1

2

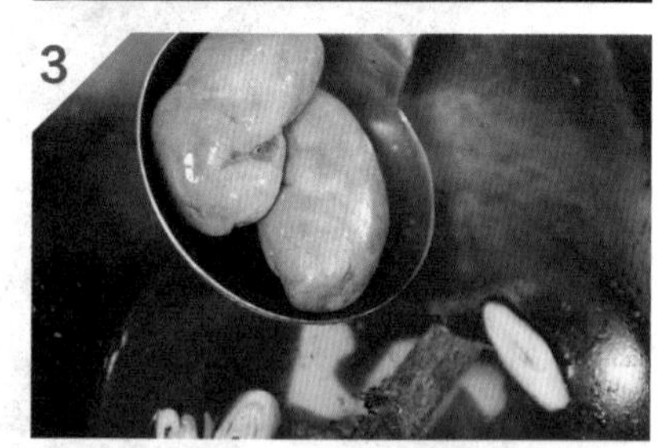

3

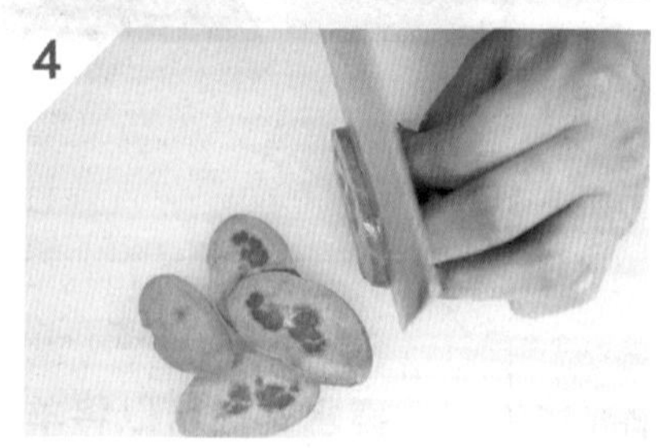

4

特点

开水全腰色泽美观、味道咸鲜，加入杜仲可以滋补身体，配猪腰食用可强肾固精。

卤水金钱肚

主 料

金钱肚 500 克

调 料

卤水、老汤、盐各适量

制 作

1. 将金钱肚清水浸泡，把金钱肚内面的丝去除干净。
2. 把金钱肚放入开水中煮 5 分钟，捞出冲凉，再次清除杂质，洗干净。
3. 卤水加盐调味。
4. 准备酱桶，加入卤水、老汤、金钱肚烧开，小火卤制约 40 分钟，取出装盘。

1

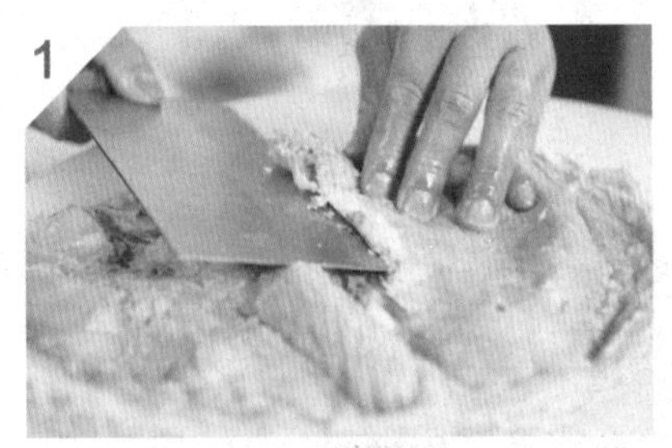

2

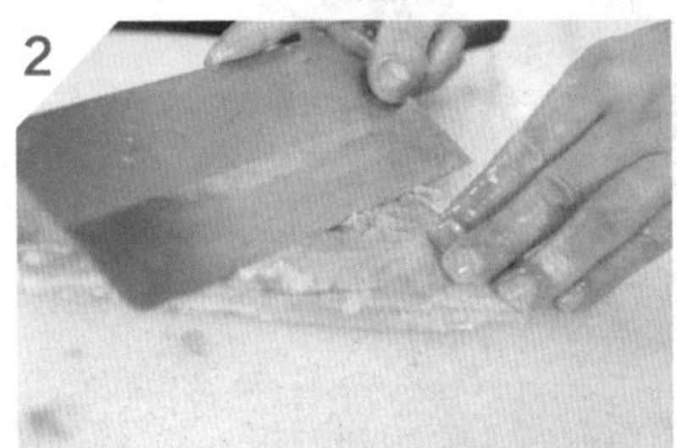

3

4

特 点

卤好的金钱肚色泽金黄，口感脆爽，鲜香味美。

卤制鹅头

主料

净鹅头 ………………………………… 500 克

调料

潮州卤水 ………适量　盐 …………适量

特点

鹅头虽然肉不多，但胜在肉紧实味美，卤制后咸香适口，值得一品。

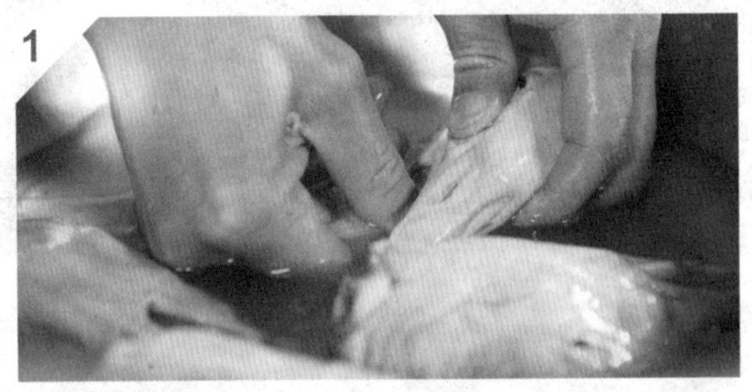

1 将鹅头择洗干净，去除鹅头表面老皮，捋净舌头后洗净待用。

2 锅里放入清水，放入鹅头，中火煮至鹅头变色，细毛竖起。

3 将鹅头取出，冲凉水。

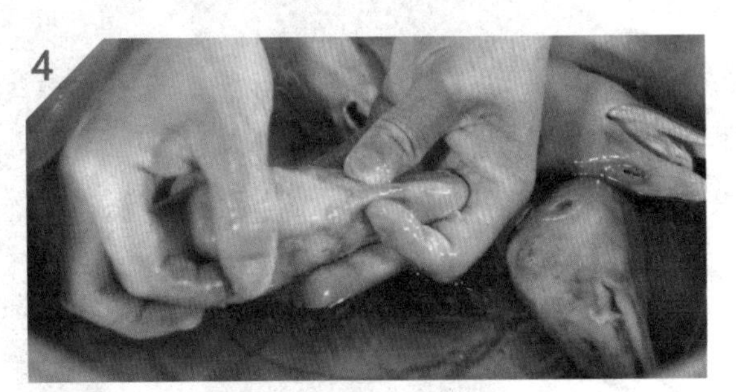

4 将冲凉的鹅头择净细毛，再次洗净待用。

5 准备酱桶，放入将潮州卤水、盐、鹅头煮开，转为小火浸煮约 40 分钟，捞出装盘即可。

卤凤爪

主料

鸡爪 ………………………………… 500克

调料

白糖 …… 200克　盐 ……………… 适量
卤水 ……… 适量　油 ……………… 适量

特点

卤凤爪口感软糯，富含胶原蛋白和钙，是很好的凉菜小盘。

1

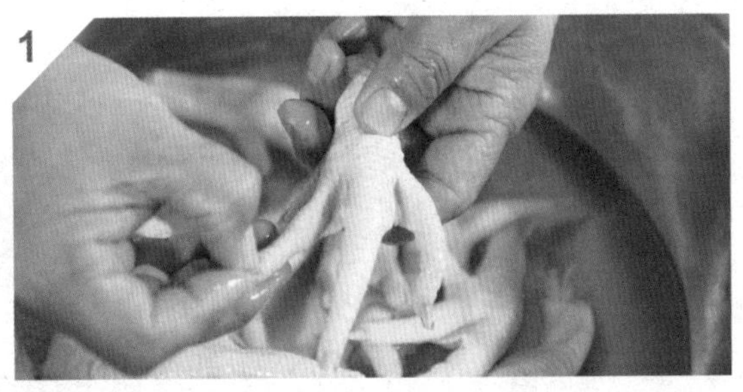

将鸡爪用清水洗净，浸泡去血污，捞出滤干；白糖炒糖色，加适量水。

2

锅里加清水烧开，放入鸡爪煮1分钟，捞出洗净，放入糖色水中浸泡。

3

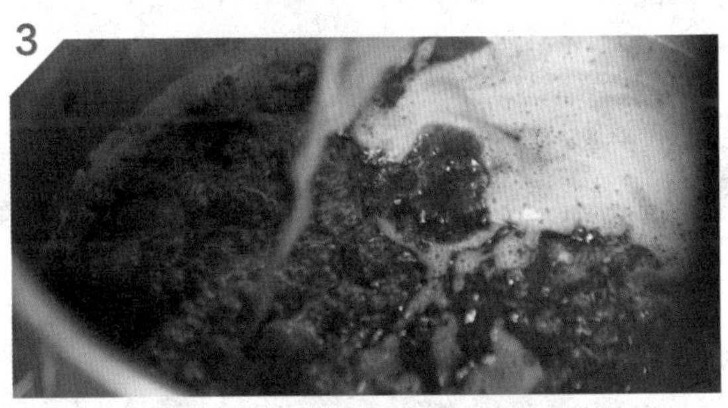

准备酱桶，加入卤水、盐、鸡爪，小火浸煮30分钟左右。

4

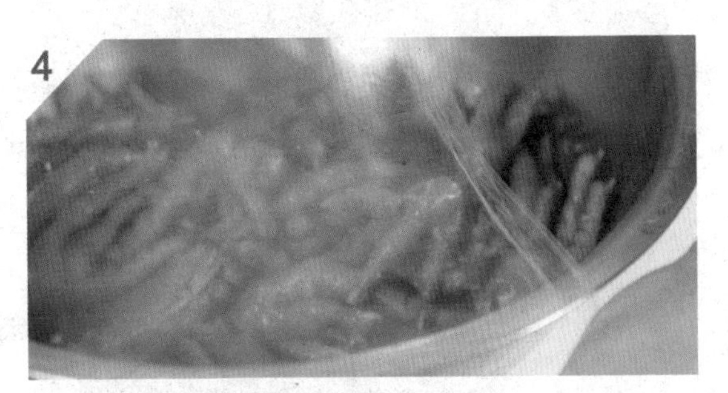

将鸡爪捞出，用保鲜膜封起存放。

5

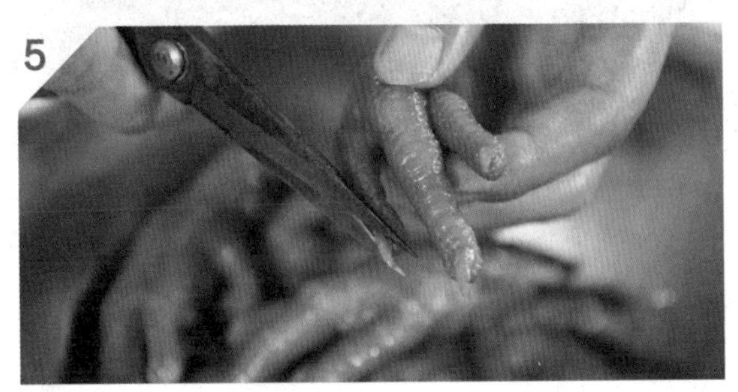

将鸡爪修整后装盘即可。

香卤豉油皇鸡

主 料

清远鸡 ………………………………………… 1只

调 料

豉油皇卤水…… 适量　姜片 ………… 适量
葱段 ……………… 适量

特 点

香卤豉油皇鸡通过反复凉热交替浸熟后，皮脆肉滑，汁液丰富鲜甜。

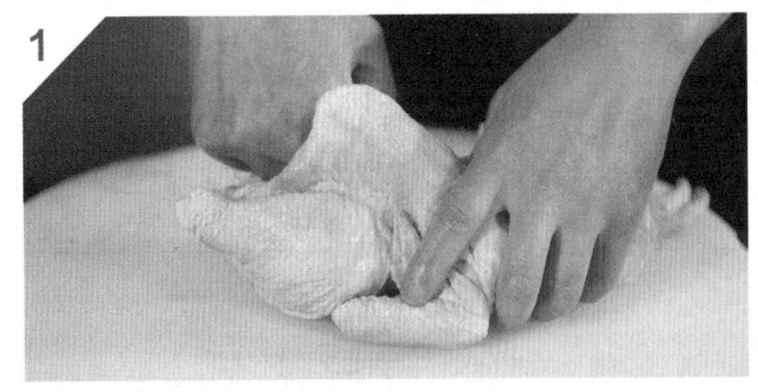

1 把杀好的清远鸡在鸡爪拐弯处切断，去掉鸡爪，抠出肺叶、喉管、油脂。

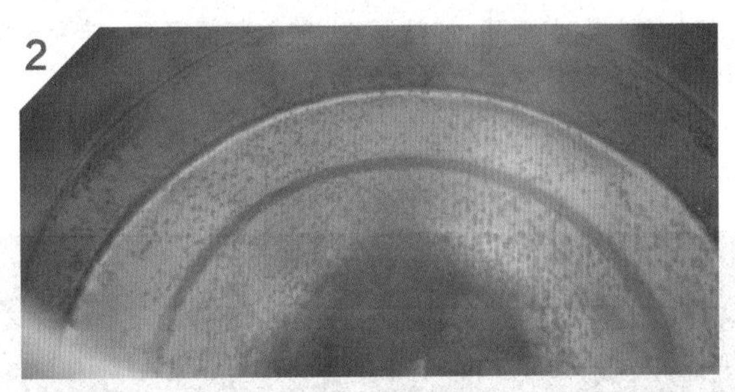

2 锅内放入葱段、姜片、清水，烧开。

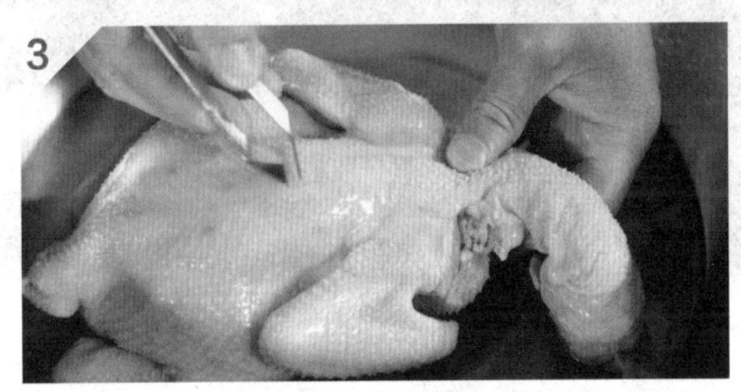

3 整鸡放入开水中约3秒，取出冲凉，拔去竖起的鸡细毛、黄衣，再洗净。

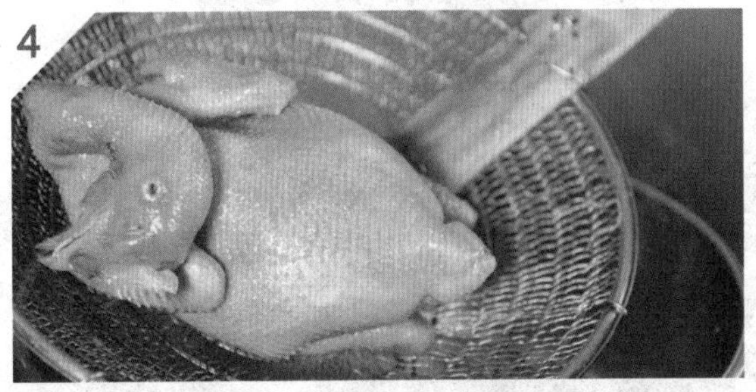

4 将鸡再放入开水桶里，取出；倒干腹腔中的水，再放入，反复几次。

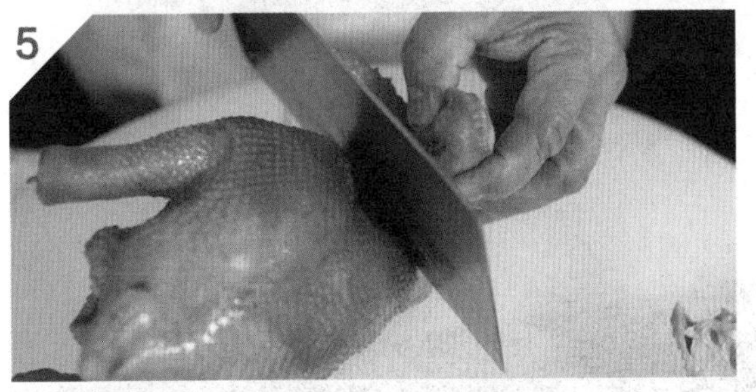

5 准备酱桶，加入豉油皇卤水，把鸡全部浸入，煮开后浸约15分钟，捞出斩件，装盘即可。

卤水鹅肾

主料

鹅肾 400 克

调料

盐、潮州卤水适量

制作

1. 将鹅肾撕去黄色褶皱内层，择洗净表皮油脂，洗净。
2. 将处理好的鹅肾与清水一起放入锅中，煮约 5 分钟，捞出，冲凉水，再次洗净。
3. 潮州卤水倒入锅中烧开，加盐调味，放入鹅肾煮开，转为小火浸煮约 50 分钟。
4. 将鹅肾取出，切片装盘、码形即可。

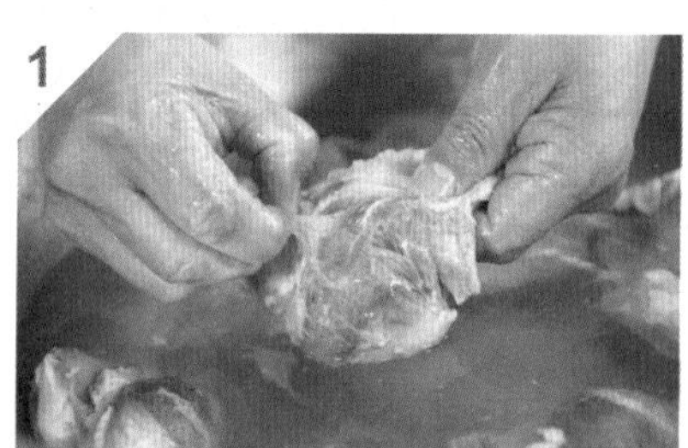

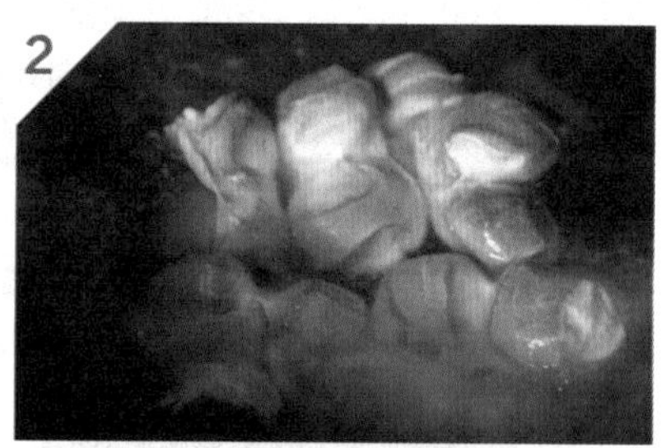

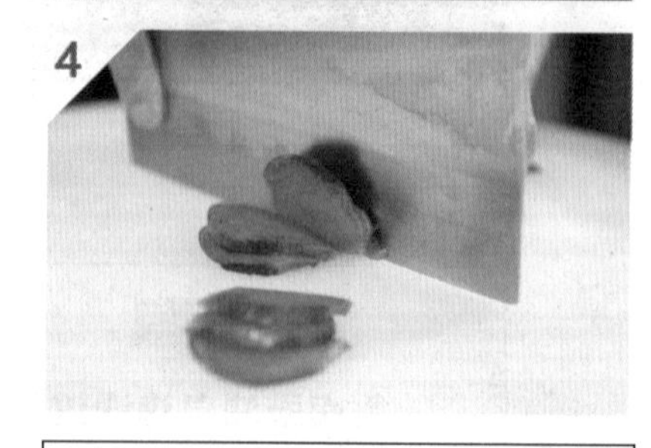

特点

卤水鹅肾鲜香味美，肉质脆嫩爽口，卤制时间长可以更好地入味。

卤水素鸡

主 料

素鸡 500 克

调 料

白糖 50 克，油、豉油皇卤水、盐各适量

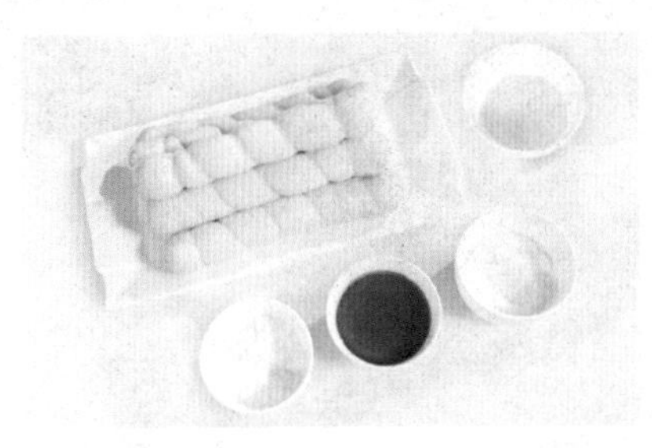

制 作

1. 将素鸡洗净，滤干水，放入开水中煮一会儿，捞出滤干。
2. 热锅加入少许油，放入白糖，炒成糖色，加入清水煮开，放入素鸡浸泡60分钟。
3. 准备酱桶，加入豉油皇卤水、盐烧开，放入素鸡，浸泡约 30 分钟。
4. 将素鸡捞出，滤干汤汁，用少许卤汤浸泡即成。

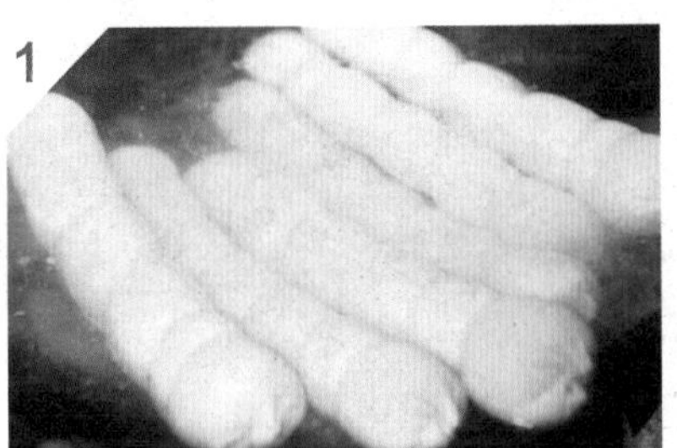

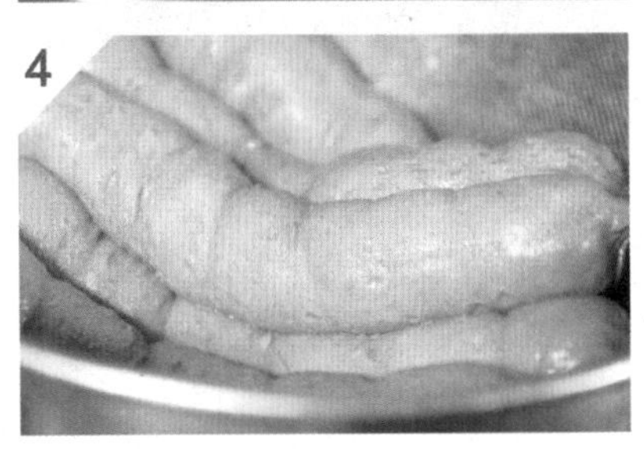

特 点

卤水素鸡色泽金黄，形似鸡肉，软中有韧，味美醇香。

卤鹅掌

主料

鹅掌 ………………………………… 500克

调料

盐 …………… 适量　潮州卤水 …… 适量

特点

鹅掌筋肉比较有弹性，经过卤制后，肉质柔糯爽口，香味浓郁。

1 择净鹅掌表面老皮、老茧，用清水洗净。

2 锅里加入清水，放入鹅掌，中小火煮至去掉血水，取出冲凉备用。

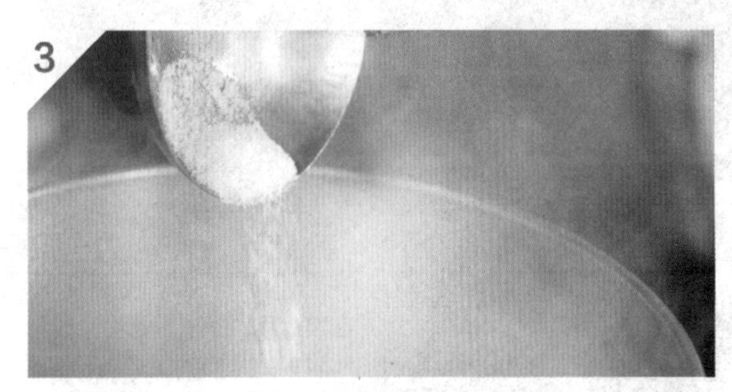

3 准备酱桶，加入潮州卤水烧开，加盐调味。

4 放入鹅掌，煮开，转为小火浸煮约50分钟。

5 将鹅掌捞出，食用时装盘即可。

卤墨鱼

主料

墨鱼 ………………………………… 500克

调料

白糖……150克　豉油皇卤水…适量
油……………适量　盐………………适量

特点

卤墨鱼鲜美滑嫩、色泽美观，既有墨鱼特有的海鲜味，又有浓郁的卤香。

1

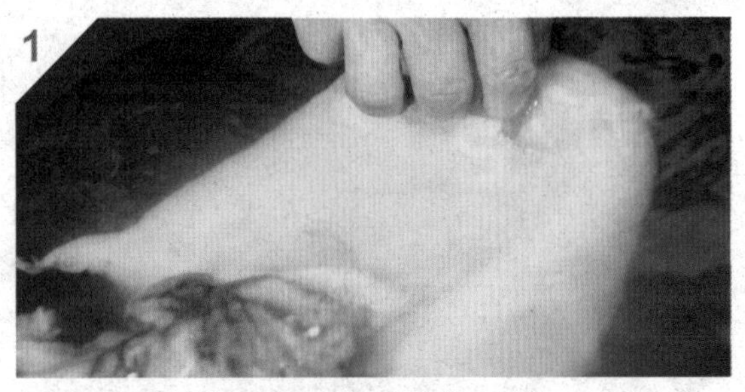

将墨鱼去掉脊梁骨、内脏、眼睛、外皮。

2

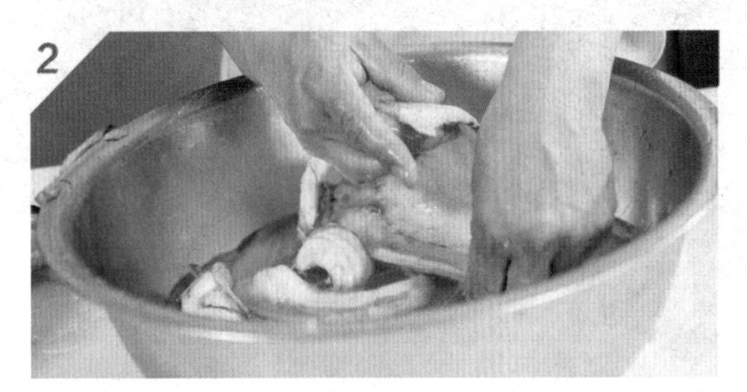

将墨鱼头部剖开，清洗干净；白糖炒成糖色，加适量水煮开。

3

锅内放入清水烧开，放入墨鱼烧至身挺，取出冲凉，放入糖色水中浸泡3小时。

4

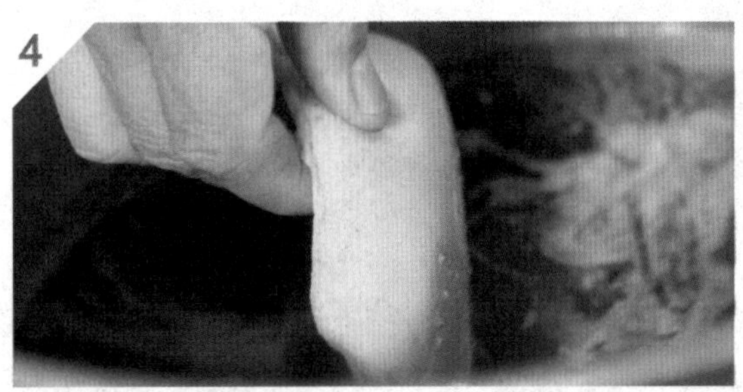

准备酱桶，加入豉油皇卤水、盐、墨鱼烧开，浸约10分钟。

5

将卤好的墨鱼捞出，切片装盘即可。

白斩鸡

主 料

清远鸡 ………………… 1只(约900克)

调 料

葱段…………适量 姜片………… 适量

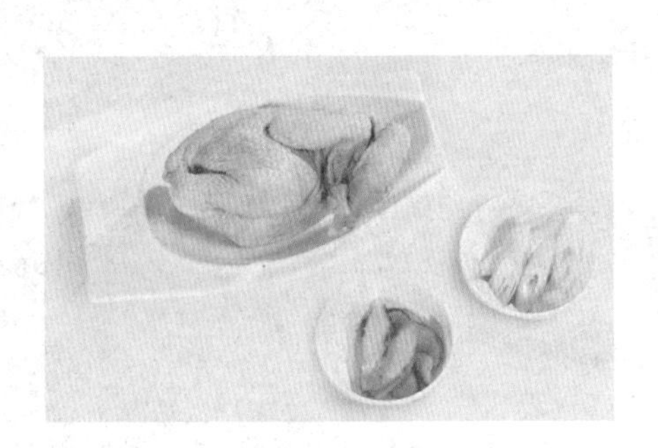

特 点

清远鸡因肉质鲜嫩、细滑而自古有名，用清远鸡做成白斩鸡，味道清淡鲜嫩，是一道名菜。

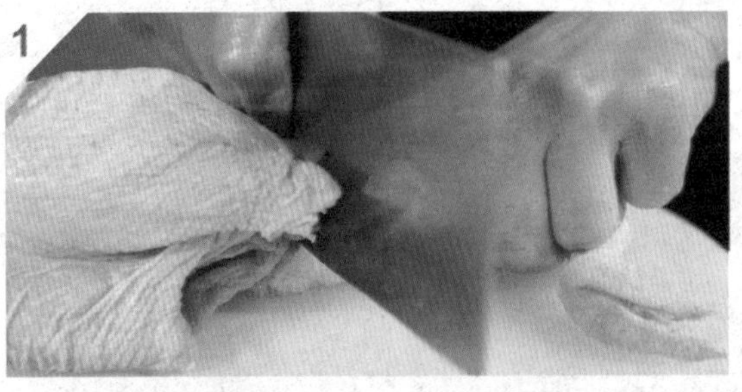

1 把杀好的清远鸡去掉鸡爪，在鸡脚拐弯处切断，抠出肺叶、喉管、油脂，洗净。

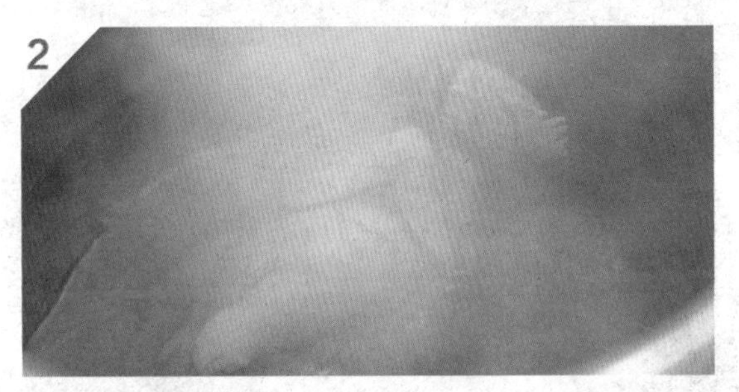

2 整鸡放入开水中约3秒钟，取出冲凉，拔去竖起的鸡细毛，再放入开水中，取出倒干腹腔的水，反复几次。

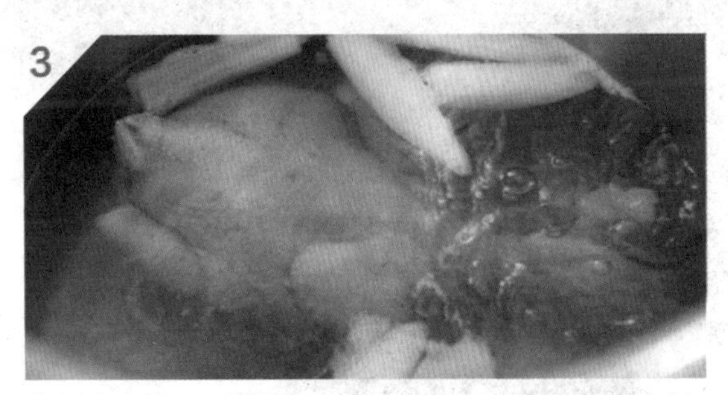

3 准备放有葱段、姜片的开水，放入鸡，开水没过食材，煮开后浸约15分钟。

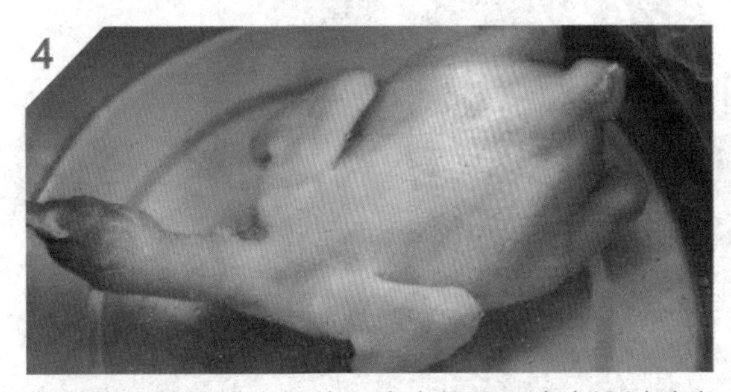

4 将浸熟的整鸡捞出，放入凉水桶里，凉水没过鸡身至凉取出，滴干水分。

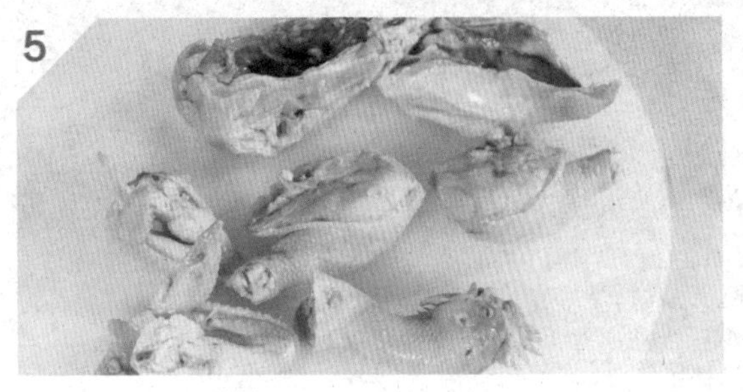

5 将整鸡斩件，装盘即可。

卤水茶叶蛋

主料

鸡蛋 ………………………………… 500克

调料

豉油皇卤水	适量	八角	适量
老汤	适量	盐	适量
茶叶	适量	葱段	适量
油	适量	姜片	适量

特点

卤水茶叶蛋是大众喜闻乐见的日常美食，卤好的茶叶蛋色泽黄亮，卤香、茶香皆有。

1 将鸡蛋洗净，与凉水一起下锅，慢火煮约10分钟，鸡蛋八成熟。

2 鸡蛋捞出放在凉水里浸至冷却，捞出去皮备用。

3 葱段、姜片用油炸好，加入豉油皇卤水、老汤、茶叶、八角、盐煮开。

4 将去皮的鸡蛋放入卤汤中。

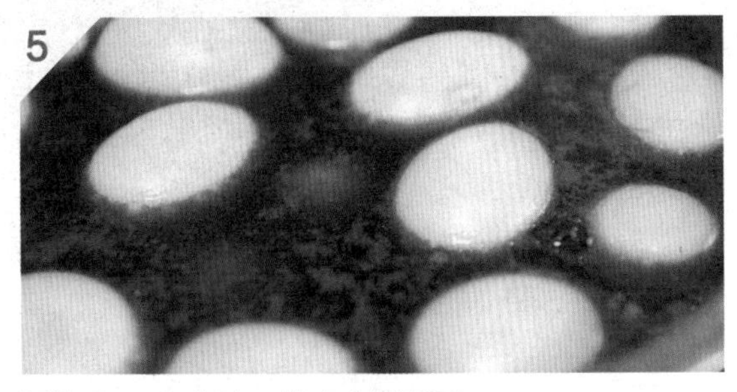

5 浸泡6～8小时，捞出食用即可。

卤汁春笋

主料

鲜春笋 ………………………………… 500 克

调料

新鲜浓汤	300 克	桂皮	20 克
陈卤水	300 克	花椒	10 克
葱段	100 克	草果	2 粒
姜片	100 克	蚝油	适量
蒜	100 克	冰糖	适量
洋葱	100 克	盐	适量
香菜梗	1 棵	油	适量
八角	5 粒	鸡油	适量

特点

卤汁焖春笋香滑、嫩脆，带有浓郁的酱香。

1 将鲜春笋洗净去壳，劈成两瓣；葱、姜、蒜、洋葱用油炸好。

2 锅内加清水、春笋，小火煮 30 分钟，去掉青涩味，捞出滤干。

3 锅内放炸好的葱段、姜片、蒜、洋葱，加入香菜梗、八角、桂皮、花椒、草果、蚝油、冰糖、春笋、新鲜浓汤煮开。

4 加入陈卤水、盐煮开，浸煮约 20 分钟。

5 将卤好的笋取出切片，装盘即可。

卤水香菇

主料

干香菇 500 克

调料

葱段、姜片、大蒜、洋葱各 100 克，桂皮、花椒、八角、陈卤水、老抽、冰糖、盐各适量

制作

1. 干香菇用温水浸泡 2 小时，加入淀粉不断抓洗，洗净杂质。
2. 将香菇用清水淘洗干净，剪去香菇蒂。
3. 锅中加陈卤水、盐、葱段、姜片、大蒜、洋葱、桂皮、花椒、八角、老抽、冰糖、香菇。
4. 小火煮制，大火收汁，将卤好的香菇装盘即可。

特点

香菇具有独特的香味，经过卤制，香味更浓郁，口感也柔嫩多汁。

卤香毛豆

主 料

毛豆 500 克

调 料

卤汁 300 毫升，葱段、姜片、花椒、辣椒、盐、油各适量

制 作

1. 毛豆用清水洗净，放入开水中焯烫，捞出沥干。
2. 锅内加少许油烧开，放入葱段、姜片、花椒、辣椒炒香，加入卤汁。
3. 放入毛豆，加盐煮开，改小火浸煮 20 分钟。
4. 将卤好的毛豆装盘即可。

特 点

熟毛豆具有豆粒软糯、清鲜爽口的特点，经过卤制，更增添了咸鲜味道。

香卤鸡腿

主料

鸡腿 500 克

调料

豉油皇卤水、糖、油、盐各适量

制作

1. 鸡腿浸泡凉水，去除血污，滤干待用。
2. 把鸡腿放入开水中，烧开 30 秒，取出冲凉，拔去鸡细毛，洗净滤干。
3. 锅内注油烧热，放入白糖熬成糖色，加入适量水，放入鸡腿，煮开后浸泡 3 小时，捞出。
4. 将鸡腿放入加盐调味的豉油皇卤水中煮开，浸泡 20 分钟，捞出装盘即可。

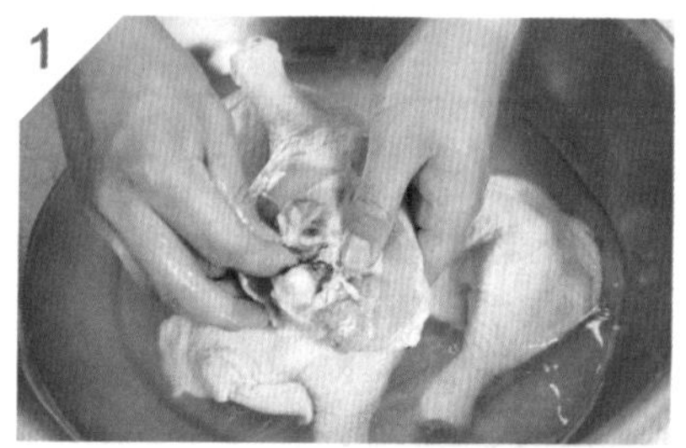

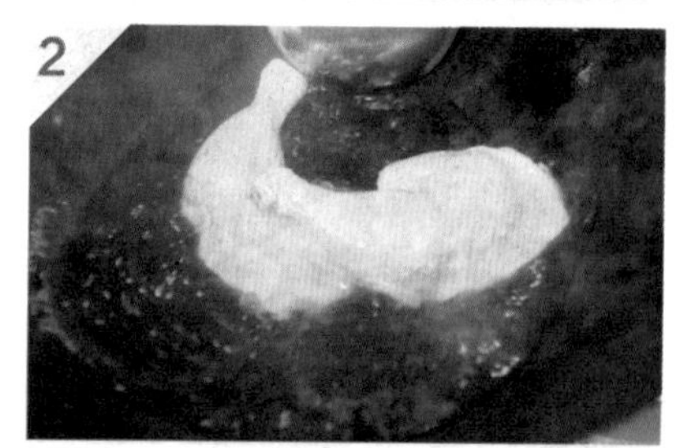

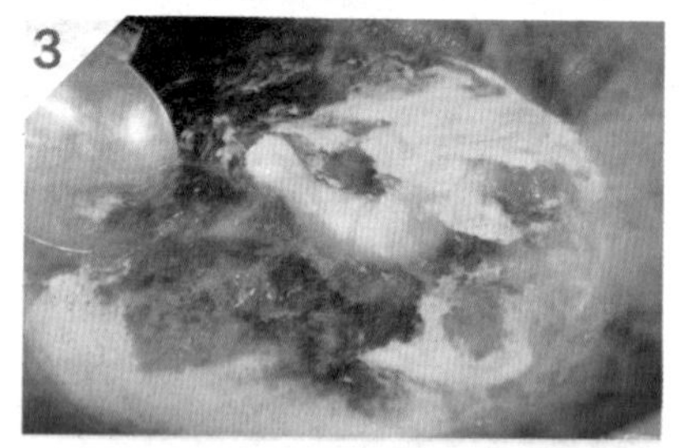

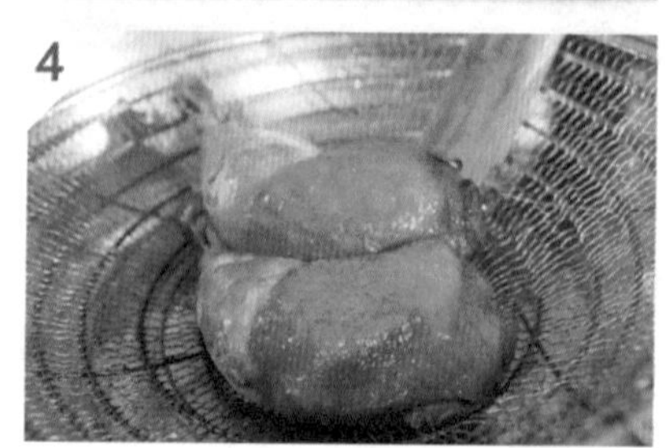

特点

卤好的鸡腿色泽金黄，散发诱人光泽，鲜、嫩、咸适度。

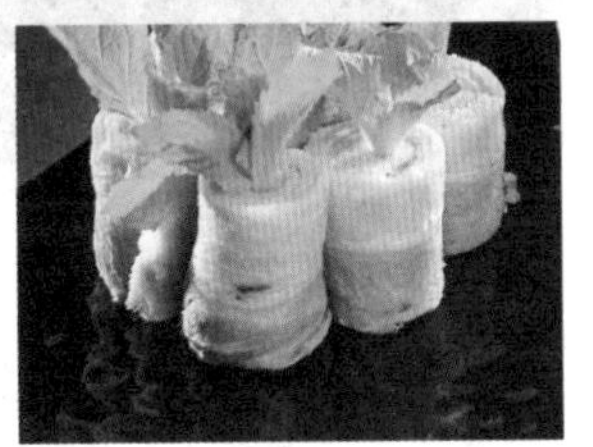

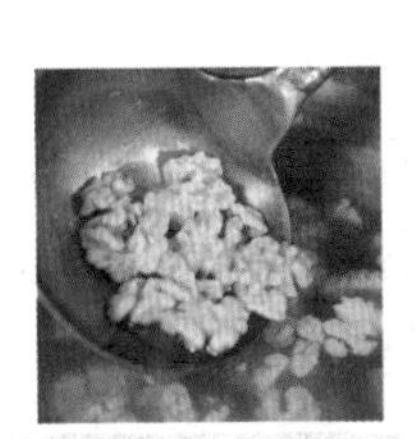

第二章

凉拌技法

凉拌基本知识

- 什么是凉拌菜
- 凉拌菜的食材
- 凉拌菜的特点
- 凉拌菜调味料
- 凉拌菜食材预处理
- 十大凉拌菜味汁制作
- 凉拌菜的摆盘方法

常见凉拌制品

- 素味凉拌菜
- 荤味凉拌菜

第一节

凉拌基本知识

什么是凉拌菜

凉拌菜，是将初步加工和焯水处理后的原料，包括肉类、海鲜类、蔬菜、水果、坚果等，加入各种调味料，拌匀凉吃的菜肴。

凉拌菜不仅为了品尝原料的味道，也要更好地品尝调味料赋予的特点，糖、香油、醋、盐、辣椒油等调味的多或少，赋予了每一道凉菜不同的味道。譬如川味凉拌菜多以香辣、麻辣为主，而沿海凉拌菜则更多挖掘海鲜的鲜美，考虑鲜味的提升。

凉拌菜的食材

适合制作凉拌菜的食材相当多，各式蔬果、海产、肉类，都可以充分加以运用，变化出各式各样不同口味的开胃佳肴。

蔬菜、水果

在凉菜中的使用量大，建议选取当季盛产的新鲜蔬菜、水果用作凉拌菜食材。蔬菜使用前需充分洗净，部分蔬菜需要在洗净后进行焯烫及腌渍后再处理。

干货类

如木耳、粉丝等，在凉菜中的用量也较大，使用前需泡发洗净。

畜禽肉、海鲜

也是制作凉菜的重要食材，在使用前应仔细处理，排除寄生虫的存在，另外大部分要通过煮、炸、蒸等烹饪方式制熟，然后再用于凉拌菜中。

凉拌菜的特点

凉拌菜尽量做到“干香、脆嫩、鲜醇、无汤、不腻”。

“干香”是凉拌菜烹制中的必备特点，凉拌菜的香要达到咀嚼韧而干香，百吃不厌。

“脆嫩”是凉拌菜烹制的另一个特点。经烹制后，要做到脆嫩爽口，不宜烂腻。

凉拌菜基本上无汤或汤汁很少，味道鲜美醇正，爽口不腻。

此外，在凉拌菜烹制过程中，色、形也不可忽视，须做到色泽鲜艳，形状美观。

凉拌菜调味料

凉拌菜常用的佐料有：盐、醋、香油、大葱、姜、蒜、红辣椒、花椒、料酒、白糖、味精、酱油、芝麻酱、芥末等。

盐

盐是凉菜中不可缺少的调料之一，它不仅能增加菜肴的滋味，还能促进消化液的分泌，增进食欲，维持体内酸碱的平衡。

醋

醋是凉拌菜最好的调味品，醋有活血散淤、解毒、消食化积、开胃的功效。醋中所含的醋酸是浓度很低的弱酸，不会破坏蔬菜中的维生素群及植物纤维素。凉拌菜放食醋，不但能增加食欲、清新爽口，还可以抑菌、杀菌，有效地预防肠道疾病。

香油

香油也是凉拌菜不可少的调味品。香油不但香气浓郁、促进食欲，还能帮助人体吸收蔬菜营养成分。

葱

味道辛香，可有效提香、开胃。

姜

能帮助去除材料的生涩味或腥味，提香。

蒜

独特的蒜香味，开胃，激发食欲。

辣椒

红辣椒与葱、姜、蒜的作用相当，辣椒油是常用的凉菜调味油之一。

花椒、花椒油

花椒、花椒油能散发出特有的“麻”味，是增添菜肴香气的必备配料。

料酒

料酒主要作用是去腥提香，增加菜肴的香气，帮助咸甜各味充分渗入菜肴中，是制作凉菜不可少的调料。

糖

糖能引出蔬菜中的天然甘甜，调和咸味与酸味，使菜肴更加美味。

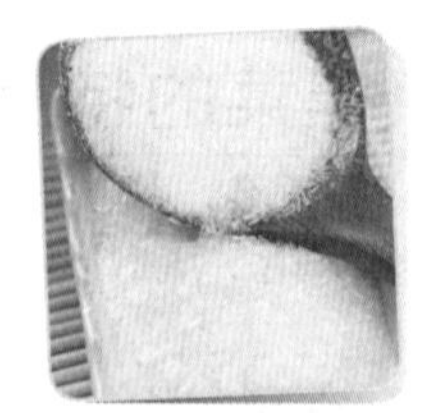

味精

味精是鲜味调料，主要作用是增加食品的鲜味，在凉菜中常用。味精用于调制凉菜时，可以先用热水化开后再调入菜中。

酱油

酱油的成分比较复杂，除含盐外，还含有多种氨基酸、糖类、有机酸、色素及香料成分。口感以咸味为主，亦有鲜味、香味等。它能增加和改善菜肴的口味，还能增添或改变菜肴色泽，是凉拌菜重要的调味品之一。

凉拌菜食材预处理

凉菜在处理上要整齐美观、精细、细薄、均匀，应视原料的质地软硬程度不同，正确运用刀法，切成均匀、适口大小。常用的刀法有直切、推切、滚刀切等。

直切

是凉拌菜最常用的刀法之一。刀具垂直向下，一刀一刀切下去。这种刀法适用于萝卜、白菜、山药、苹果等脆性的根菜或鲜果。

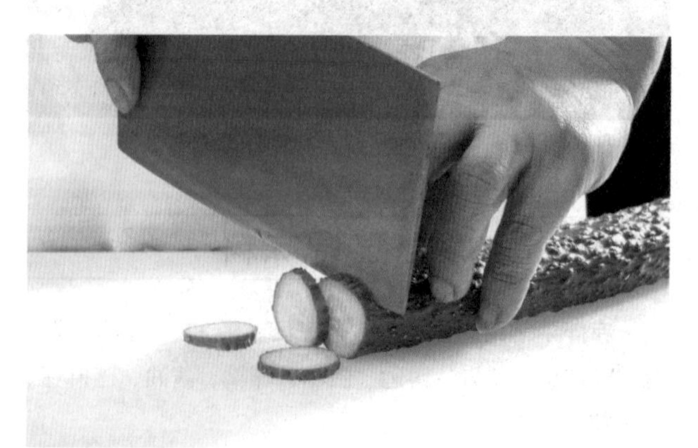

推切

适用于质地松散的原料。要求刀具平放，切时刀由后向前推，着力点在刀的后端。

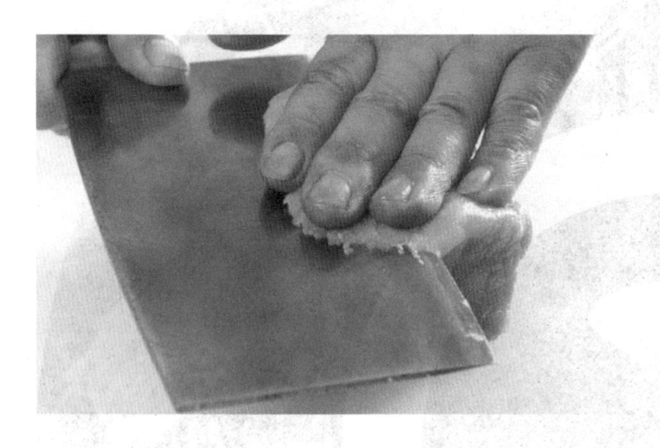

滚刀切

是使原料呈一定形状的刀法，每切一刀或两刀，将原料滚动一次，用这种刀法可切出梳背块、菱角块、剪刀蓼等形状。

拉切

适用于韧性较强的原料。切时刀与原料垂直，由前向后拉，着力点在刀的前端。

锯切

适用于质地厚实坚韧的原料。若拉、推刀法切不断时，可像拉锯那样，一推一拉地来回切下去。

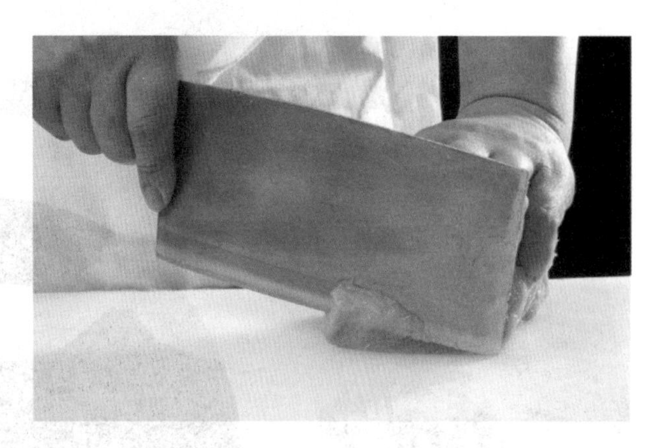

片切

又称平刀法，是使刀面与菜墩面接近平行的一类刀法。操作时左手按稳原料，右手持刀，刀前端片进原料，一定深度后，顺势一拉，片下原料。

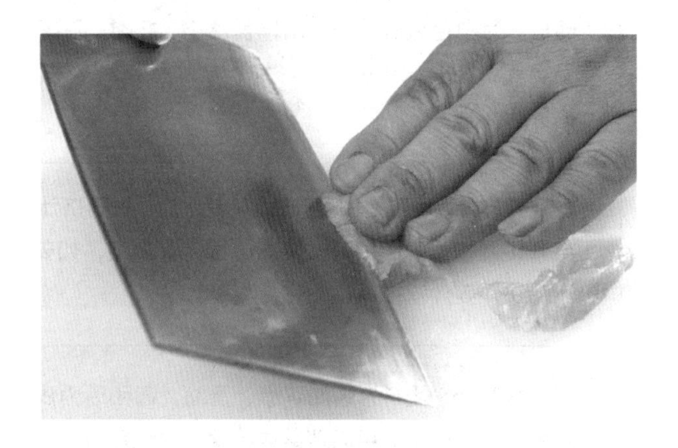

手撕

有些新鲜蔬菜用手撕成小片，口感会比用刀切还好，如生菜、紫甘蓝等。

十大凉拌菜味汁制作

盐味汁： 以盐、味精、香油加适量鲜汤调和而成，为白色咸鲜味。适用拌食鸡肉、虾肉、蔬菜、豆类等，如盐味鸡脯、盐味虾、盐味蚕豆、盐味莴笋等。	**麻味汁：** 用料为芝麻酱、精盐、味精、香油、蒜泥。将麻酱用香油调稀， 加盐、味精调和均匀，为赭色咸香味。拌食荤素原料均可，如麻酱拌豆角、麻汁黄瓜、麻汁海参等。
姜味汁： 用料为生姜、盐、味精、油。生姜挤汁，与调料调和，为白色咸香味。最宜拌食禽类，如姜汁鸡块、姜汁鸡脯等。	**蒜泥汁：** 用料为生蒜瓣、盐、味精、香油、鲜汤。蒜瓣捣烂成泥，加调料、鲜汤调和为白色。拌食荤素皆宜，如蒜泥白肉、蒜泥豆角等。
酱醋汁： 用料为酱油、醋、香油。调和后为浅红色，咸酸味型。用以拌菜或炝菜，荤素皆宜，如拌腰片等。	**麻辣汁：** 用料为白椒、盐、味精、香油、蒜泥、鲜汤，调和成汁后，多用于炝、拌肉类和水产原料如拌鱼丝、鲜辣鱿鱼等。
糖醋汁： 以糖、醋为原料， 调和成汁后， 拌入主料中， 用于拌制蔬菜，如糖醋萝卜、糖醋番茄等。还可将糖、醋调和入锅，加水烧开，凉后再加入主料浸泡数小时后食用，多用于泡制蔬菜的叶、根、茎、果，如泡青椒、泡黄瓜、泡萝卜、泡姜芽等。	**红油汁：** 用料为红辣椒油、盐、味精、鲜汤，调和成汁，为红色咸辣味。用以拌制荤素原料，如红油鸡条、红油鸡、红油笋条、红油里脊等。
胡椒汁： 用料为酱油、醋、糖、盐、味精、辣油、麻油、花椒面、芝麻粉、葱、蒜、姜，将以上原料调和后即可。用以拌食主料，荤素皆宜，如麻辣鸡条、麻辣黄瓜、麻辣肚、麻辣腰片等。	**鲜辣汁：** 用料为糖、醋、辣椒、姜、葱、盐、味精、香油。将辣椒、姜、葱切丝炒透，加调料、鲜汤成汁，为咖啡色酸辣味。多用于炝腌蔬菜，如酸辣白菜、酸辣黄瓜。

凉拌菜的摆盘方法

更精致的凉拌菜俗称冷拼，摆盘具有一定的技法，凉拌菜制作中，常用以下几种摆盘方法。

一排

将加工好的冷菜摆列成行，装入盘内叫作排（如锯齿形，腰圆形，方形等）。

二堆

就是把加工成形的原料堆放在盘内，多用于一般拼盘的“软面”，此法也可以堆出多种形状，如宝塔形，假山风景等。

三叠

就是把切好的原料一片片整齐的叠起来装入盘内，是一种比较细致的操作方法，以叠梯形为多，如牡丹花、蝴蝶等。

四围

就是把切好的原料在盘中排列成环形，如花朵形、蒜瓣形（松花蛋）等。

五摆（又称贴）

就是运用精巧的刀法把多种不同色彩的原料加工成一定形状，在盘内按设计要求摆成各种图形或图案，这种手法多用于什锦花色拼盘，如喜鹊冬梅、金鱼戏莲等，难度较大，需要有熟练的技巧和一定的艺术素养，才能将图形或图案摆的生动形象。

六复

就是将加工好的原料先排在碗中或刀面上，再复扣入盘内或盘内的轮廓表面，此法多用于定形菜或花色拼盘。

素味凉拌菜

主料

菠菜……200克
杏鲍菇……100克
炸花生米……50克

调料

辣鲜露	15克	味精	适量
美极鲜	15克	蚝油	适量
酱油	适量	油	适量

特点

菠菜柔嫩可口，花生香酥，整体鲜辣咸香。

菠菜择洗干净，放入开水中焯烫一下。

将菠菜捞出凉透，放入容器中。

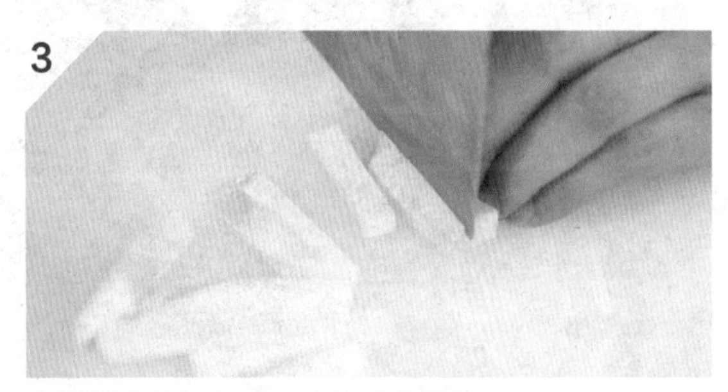

杏鲍菇洗净切条，用油炸成金黄色。

将菠菜、杏鲍菇、花生米加入酱油、味精、蚝油、辣鲜露、美极鲜拌匀。

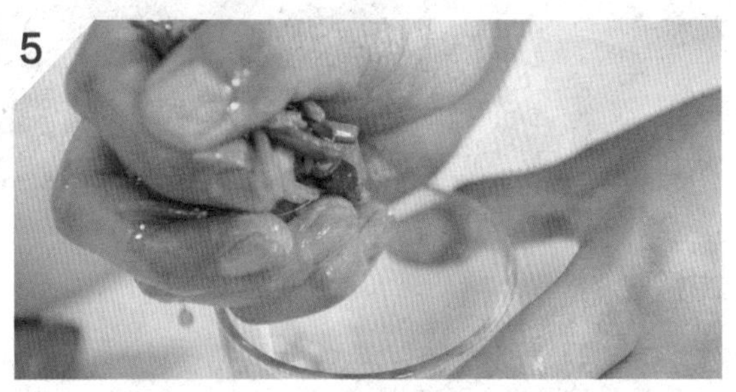

用墩型模具造型，装盘即可。

全家福大拌菜

主料

白菜 …… 100 克
苦菊 …… 50 克
鸡蛋皮 …… 10 克
火腿 …… 10 克
粉丝 …… 10 克
木耳 …… 10 克
胡萝卜 …… 10 克

调料

盐 …… 适量　香油 …… 适量
味精 …… 适量　花椒油 …… 适量
米醋 …… 适量

特点

全家福大拌菜用料丰富，色彩缤纷，口味咸鲜香，非常诱人。

1 白菜取心，洗净晾干，切细丝。

2 苦菊洗净晾干，切成寸段。

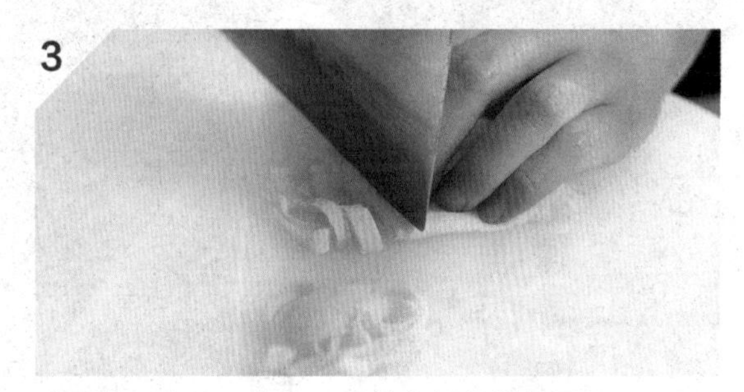

3 鸡蛋皮、火腿、木耳、胡萝卜切细丝备用。

4 粉丝泡发后，用开水焯烫一下，捞出晾干。

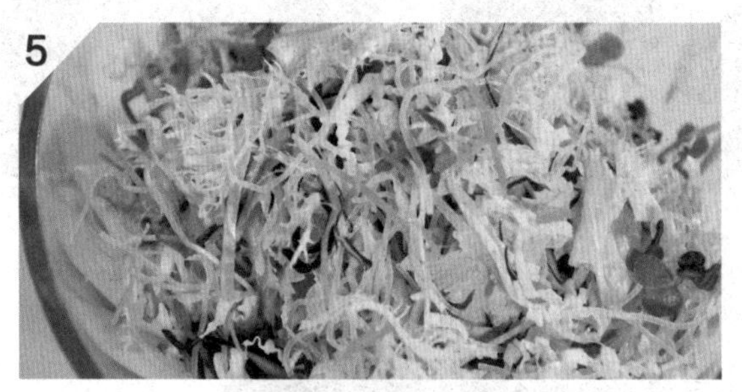

5 将所有主料、调料拌匀即可。

琥珀桃仁

主料

桃仁 500 克，芝麻 50 克

调料

白糖 30 克，冰糖 30 克，麦芽糖少许，油适量

制作

1. 将核桃仁放入开水中焯烫一下，捞出洗净备用。
2. 锅中加少许水，加入白糖、冰糖、麦芽糖熬至浓稠挑丝时，放入核桃仁挂匀糖浆。
3. 另起锅加入油烧七成热。
4. 放入核桃仁炸至酥脆，捞出撒匀芝麻即可。

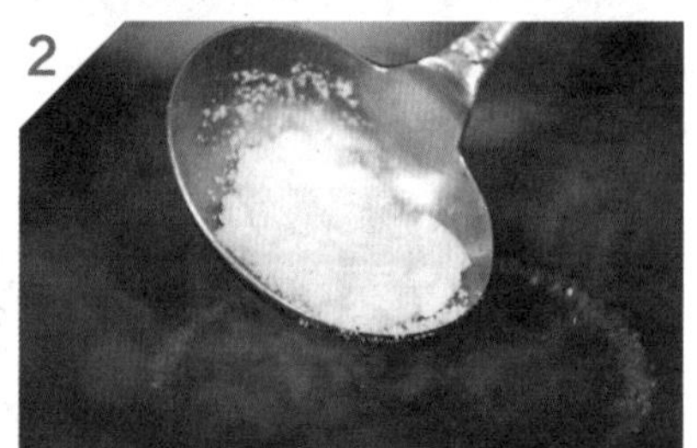

特点

核桃口感香，可补脑，经过挂糖浆油炸后，酥脆香甜。

芥辣金银菇

主 料

鲜金针菇 2 包，虫草花 100 克，香菜段少许

调 料

米醋 15 克，盐 8 克，味精 5 克，芥菜油 5 克，花椒油、香油各适量

制 作

1. 金针菇去根洗净，放入开水中焯烫一下，捞出沥干备用。
2. 虫草花洗净，放入开水中焯烫，捞出备用。
3. 香菜段洗净，放入开水中焯烫，捞出备用。
4. 将金针菇、虫草花、香菜段加入调料拌匀装盘即可。

1

2

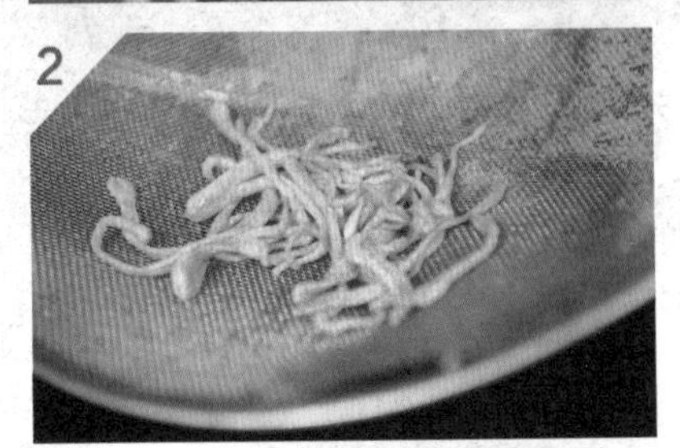

3

4

特 点

金针菇、虫草花相映成趣，口感柔嫩，味道咸鲜、芥香味浓郁。

手撕大拌菜

主料

球生菜……200克
彩椒……10克
胡萝卜……5克
木耳……5克
黄瓜……5克
洋葱……5克
核桃仁……5克
海樱花……5克

调料

陈醋……10克　味达美……适量
白醋……5克　味精……适量
糖……15克　香油……适量
蚝油……适量

特点

手撕大拌菜用手撕处理材料，既有野趣，也更好保留材料原味，成品咸鲜酸甜。

1

将球生菜冲洗一下，晾干，用手撕成大块。

2

黄瓜、胡萝卜洗净，用曲花刀切成片，洋葱洗净切圈。

3

彩椒洗净，用手撕成小块。

4

核桃仁放入开水中焯烫一下；海樱花浸泡，搓洗几次，去掉咸味。

5

将主料、调料一起放入容器中，拌匀即可。

姜米金钱瓜

主 料

水果黄瓜 ………………………… 500 克
蛤蜊肉 ………………………… 50 克
姜米 ………………………… 25 克

调 料

盐 ………… 10 克　味精 ………… 适量
米醋 ………… 5 克　香油 ………… 适量

特 点

姜米的味道、蛤蜊肉的鲜美，水果黄瓜的柔软适口融合到本菜中，口感咸鲜味美。

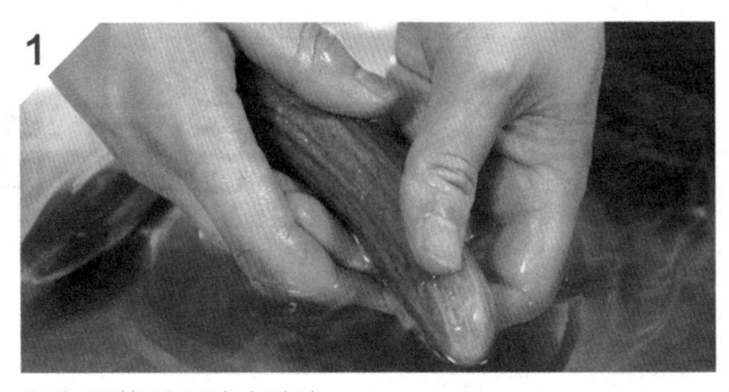

1 将水果黄瓜用清水洗净。

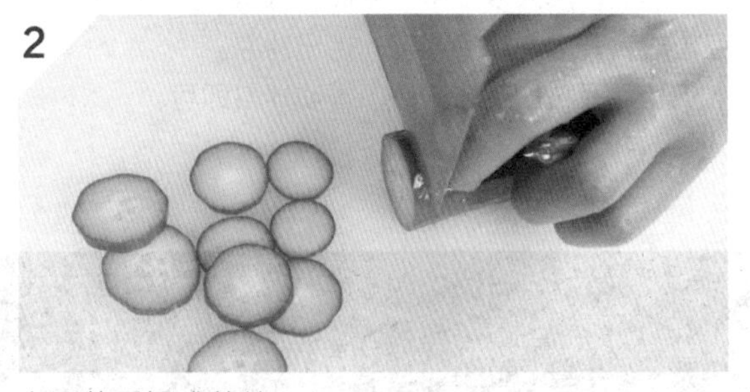

2 水果黄瓜切成薄片。

3 水果黄瓜加适量盐拌匀，腌渍 30 分钟。

4 将腌好的黄瓜装入网兜内，用重物压出水分，备用。

5 将压好的黄瓜片加入蛤蜊肉、姜米及调料拌匀即可。

萝卜干毛豆粒

主 料

萝卜干 300 克，毛豆粒 100 克

调 料

味精、香油、盐、八角、辣椒、生抽、油各适量

制 作

1. 萝卜干切小丁，用清水冲洗一下备用。
2. 锅内加油烧热，放入萝卜干、生抽、八角、辣椒炒至红色，晾凉。
3. 将毛豆粒放入开水中焯烫一下，捞出冲凉。
4. 将萝卜干、毛豆粒加盐、味精、香油拌匀即可。

1

2

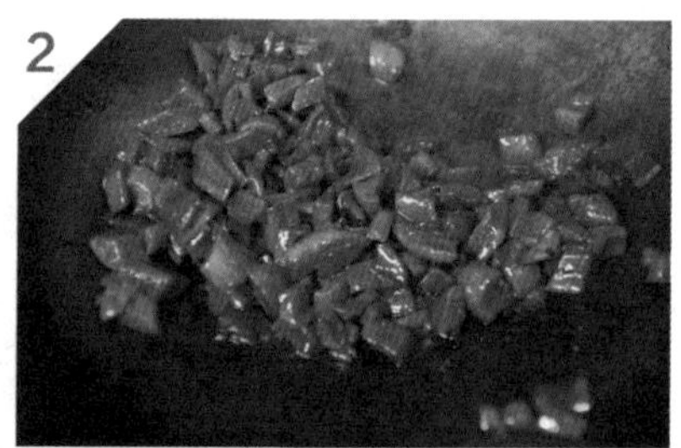

3

4

特 点

萝卜干色泽金红味咸鲜，毛豆粒色泽碧绿味清鲜，相得益彰。

荠菜花生碎

主料

鲜荠菜 200 克，花生碎 50 克

调料

盐 5 克，味精 5 克，蒜泥 20 克，香油 3 克

制作

1. 鲜荠菜择洗干净，放入开水中焯烫一下，捞出冲凉，沥干备用。
2. 将焯好的荠菜剁成末。
3. 荠菜末加入花生碎、盐、味精、蒜泥、香油拌匀。
4. 将拌好的荠菜花生碎装盘即可。

1

2

3

4

特点

成品菜咸鲜酥香，既有荠菜的田野鲜美，又有花生的酥脆香浓。

蓝莓山药

主 料

铁棍山药……500 克

调 料

蓝莓酱……100 克　白醋……适量
糖……适量　蜂蜜……适量

特 点

蓝莓山药既有山药的滋补价值，也有蓝莓的营养价值，口感软糯、酸甜。

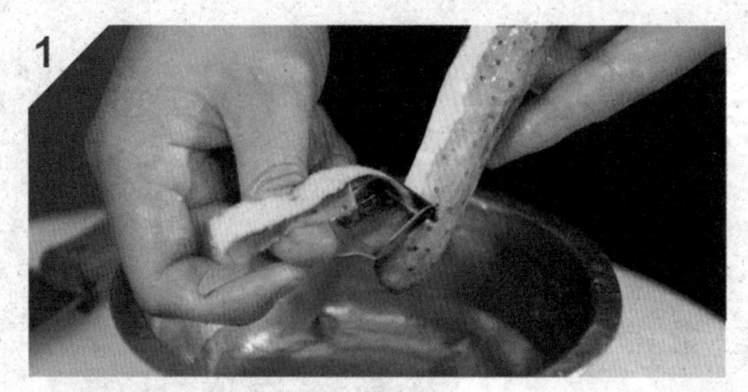
1 将铁棍山药去皮，洗净。

2 山药放入容器，加水、蜂蜜、白醋，蒸 20 分钟。

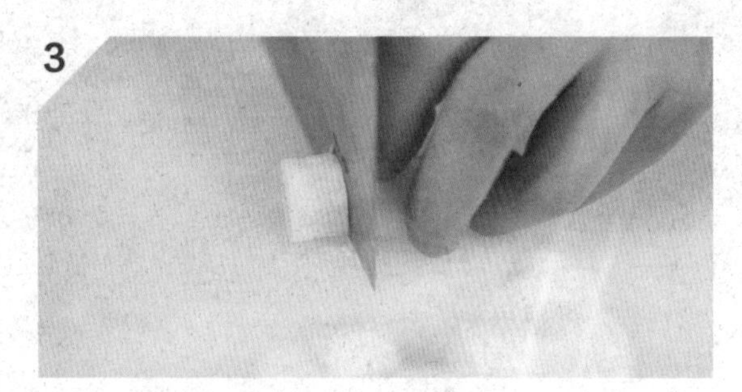
3 将蒸好的山药，切 1 厘米的小墩。

4 将山药墩摆入盘中，挤上蓝莓酱，放入冰箱冷藏。

5 食用时换容器上桌即可。

美极秋葵

主料

秋葵 ………………………………… 500 克
青红尖椒 …………………………… 50 克

调料

美极鲜 ………… 15 克　酱油 ………… 5 克
老醋汁 ………… 15 克　米醋 ………… 5 克
辣鲜露 ………… 10 克　香油 ………… 2 克

特点

美极秋葵味道咸鲜、酸甜、微辣，是非常好的凉菜。

1

将秋葵洗净，放入开水中焯烫，捞出备用。

2

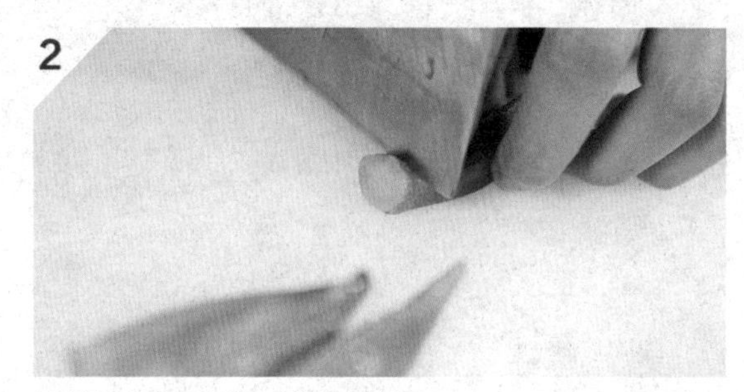

将焯烫好的秋葵，改刀装盘。

3

青红尖椒洗净切末。

4

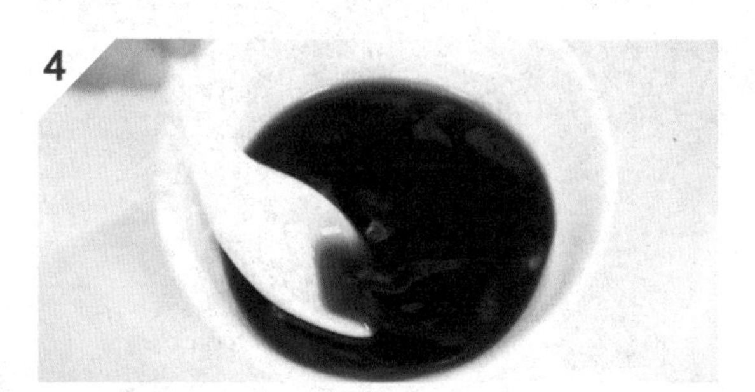

将美极鲜、酱油、米醋、老醋汁、辣鲜露、香油调匀成味汁。

5

将味汁浇在秋葵上，撒上青红椒末即可。

青岛凉粉

主料

青岛凉粉……1碗

调料

蒜泥……50克　香油……适量
米醋……30克　香菜……适量
酱油……10克　胡萝卜……适量
味精……适量

特点

青岛凉粉是用海洋植物冻菜（又名石花菜）精制而成的美食，晶莹剔透，加蒜泥等拌食，清凉爽口。

1

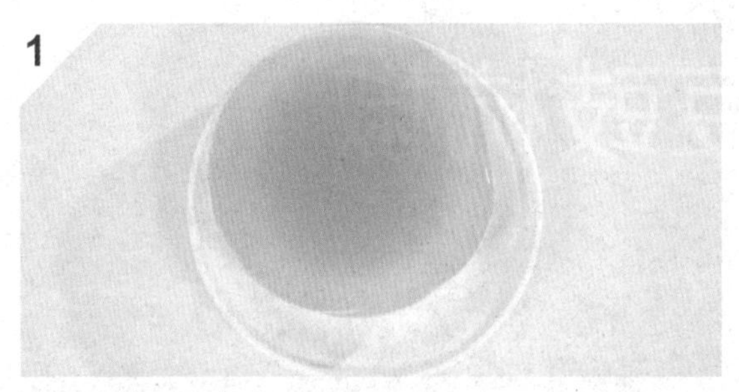

青岛凉粉用清水冲一下。

2

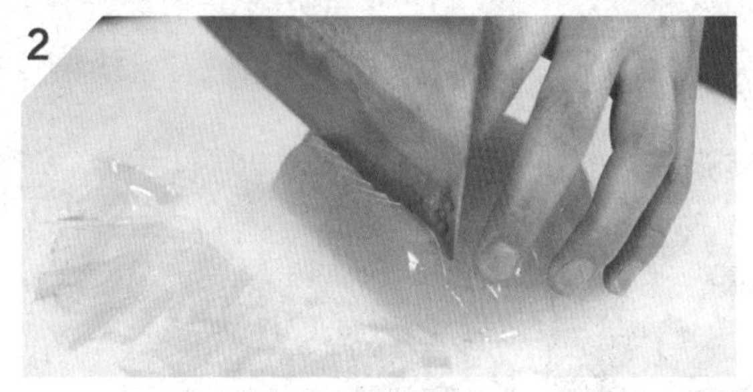

将凉粉切成条；胡萝卜、香菜洗净切末。

3

将蒜泥、米醋、酱油、香油、味精调匀，制成味汁。

4

将味汁浇在切好的凉粉里面。

5

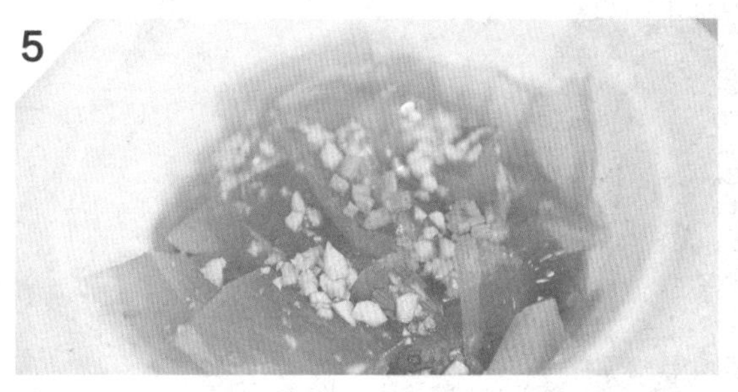

撒上香菜、胡萝卜末即可。

豆豉杭椒

主 料

青杭椒 ………………………………… 500 克
豆豉 ……………………………………… 1 盒

调 料

蚝油 ……… 100 毫升　味精 ……… 10 克
糖 ……………… 100 克　姜末 ………… 适量
蒜末 ………… 50 克　油 …………… 适量
味达美 ……… 20 克

特 点

杭椒油炸后，激发香味，减弱辣味，配合豆豉等拌匀，咸鲜微辣。

1 将青杭椒洗净，切 5 厘米的段。

2 锅内加油烧至七成熟，放入杭椒炸一会儿。

3 杭椒炸至起皮后捞出。

4 锅内留底油烧热，加入切末的豆豉、蒜末、姜末、蚝油、味达美、味精、糖炒香，晾凉。

5 将炸好的杭椒加入炒好的酱料拌匀即可。

特色芹黄

主 料

马家沟芹菜心 500 克

调 料

蒜泥 30 克，味精 5 克，米醋 5 克，味达美 5 克，香油 2 克

制 作

1. 将马家沟芹菜的嫩心，清洗干净备用。
2. 蒜泥、味精、米醋、味达美、香油调成味汁。
3. 将芹菜嫩心放入容器中，加入味汁拌匀。
4. 将拌好的特色芹黄装盘即可。

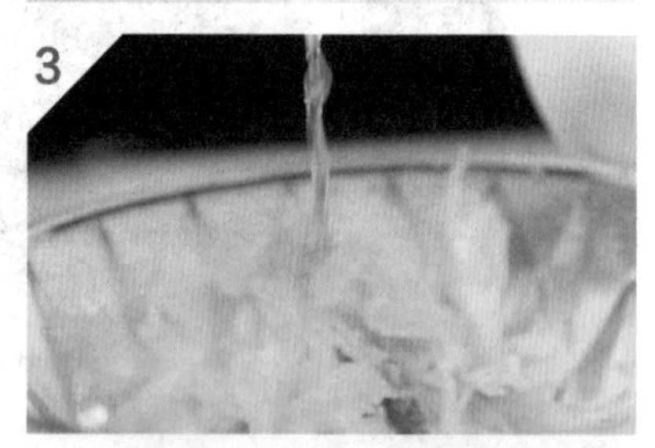

特 点

马家沟芹菜是青岛特产，嫩心可以生食，味道清鲜脆嫩，也可以选用其他优质芹菜的嫩心，焯烫拌匀即可。

海味腊八蒜

主料

腊八蒜 300 克，海樱花 200 克

调料

老醋汁 30 克，美极鲜 10 克，蚝油 5 克，味精 2 克，香油适量

制作

1. 取出腌好的腊八蒜，放入容器中。
2. 海樱花用清水浸泡几次，去除咸味，捞出备用。
3. 老醋汁、美极鲜、蚝油、味精、香油一起拌匀，制成味汁。
4. 将腊八蒜加入调料，拌匀即可。

1

2

3

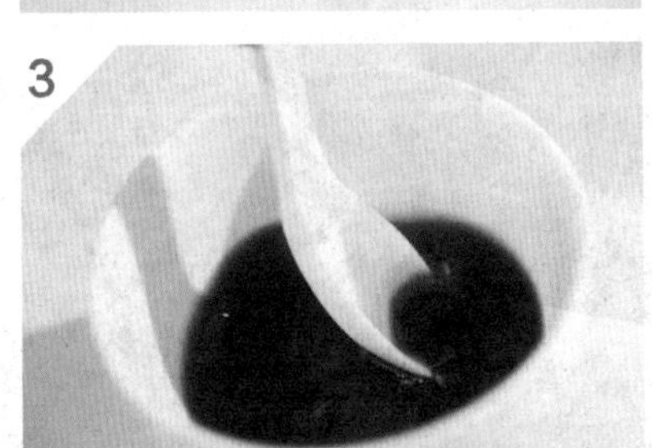

4

特点

海味腊八蒜蒜香浓郁，咸鲜酸甜，又能体现出海樱花的爽脆可口。

葱拌蛤蜊肉

主 料

蛤蜊 ………………………………… 500 克
小葱 ………………………………… 200 克

调 料

米醋	50 克	盐	适量
酱油	30 克	味精	适量
葱油	适量	白糖	适量

特 点

小葱微辣，蛤蜊肉鲜美，成品菜鲜香无比。

1 将蛤蜊用盐水浸泡，吐尽泥沙，然后洗净，煮熟取肉。

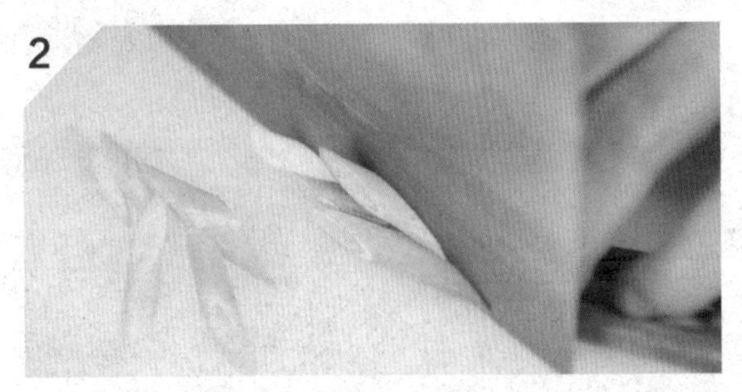

2 小葱洗净，切菱形段备用。

3 将蛤蜊肉、小葱放入容器中，加米醋、酱油、葱油、盐、味精、白糖。

4 将小葱蛤蜊肉拌匀。

5 拌好的小葱蛤蜊肉装盘即可。

菠菜拌毛蛤蜊

主料

毛蛤蜊……400 克
菠菜……200 克

调料

蒜泥……30 克　糖……适量
米醋……15 克　味精……适量
蚝油……适量　香油……适量
酱油……适量

特点

菠菜细嫩可口，毛蛤蜊肥嫩味美，拌匀后蒜香浓郁、咸鲜诱人。

1

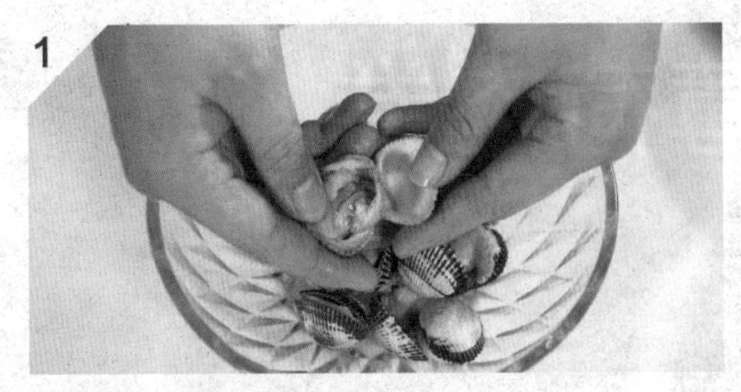

将毛蛤蜊洗净，煮熟扒肉。

2

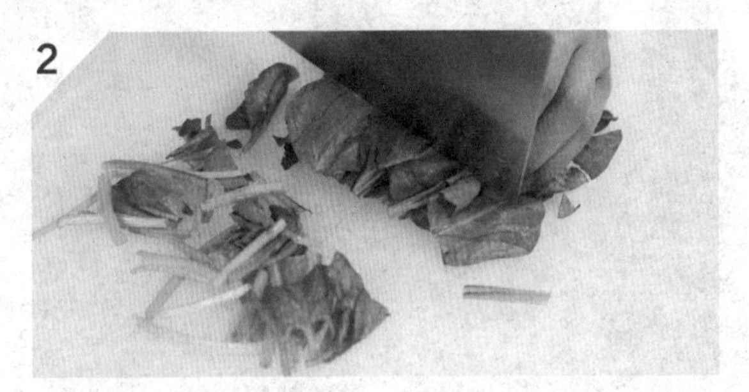

将菠菜洗净，改刀切段，放入开水中焯烫，捞出沥干备用。

3

蒜泥、米醋、蚝油、酱油、糖、味精、香油调成味汁。

4

菠菜、毛蛤蜊加入味汁拌匀。

5

将拌好的菠菜毛蛤蜊装盘即可。

薄荷肉卷

主料

五花肉……400克
薄荷叶……100克

调料

盐……50克　葱段……适量
白酒……50克　姜片……适量
五香粉……适量

特点

五花肉加入五香粉腌制后咸香略腻，配合薄荷叶，可以解腻清凉，更加爽口。

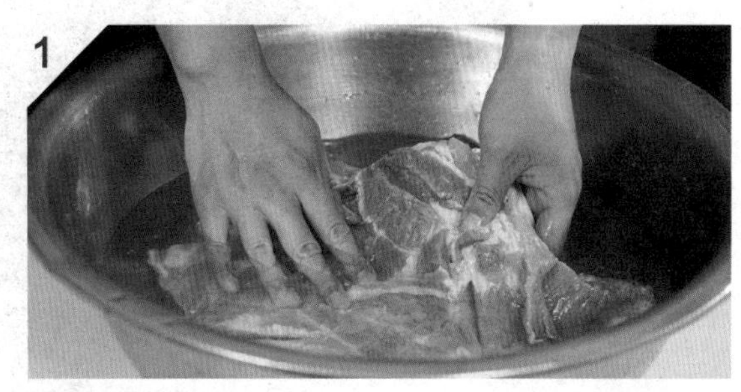

1 将五花肉清洗干净。

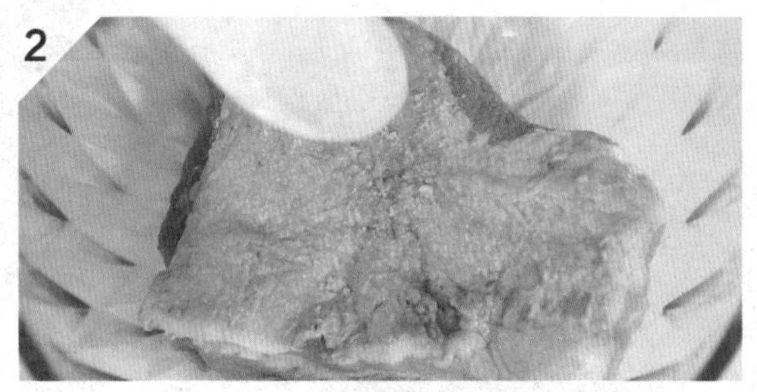

2 五花肉加入盐、白酒、五香粉、葱段、姜片腌制24小时。

3 腌好的五花肉放入锅中蒸熟，静置1小时取出晾凉。

4 将五花肉切薄长片。

5 切好的五花肉片卷上薄荷叶，装盘即可。

黑椒碎羊肚

主料

羊肚……1个
青红椒……适量
香葱……适量

调料

葱段	10克	辣椒油	适量
姜片	10克	米醋	适量
料酒	20毫升	生抽	适量
八角	适量	味精	适量
花椒	适量	香油	适量
黑椒碎	适量	盐	适量

特点

羊肚柔韧味美，饱含黑椒酱汁的味道，整体咸鲜微辣。

1

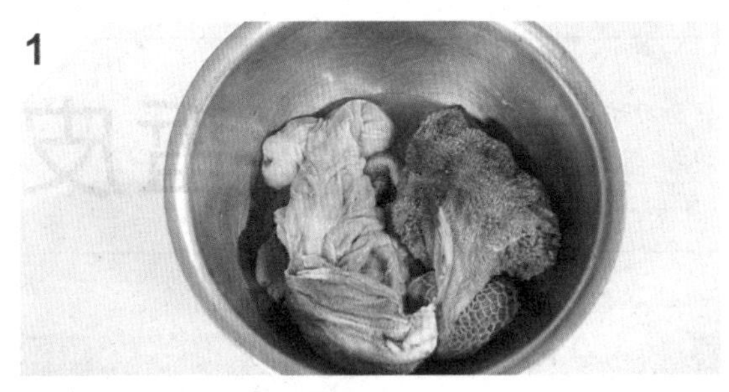

将羊肚择洗去杂物、油脂。

2

将羊肚用清水冲洗干净，放入开水中焯烫，捞出浸泡2小时，再次洗净。

3

羊肚加水、料酒、葱段、姜片、八角、花椒，入锅蒸40分钟熟透，晾凉备用。

4

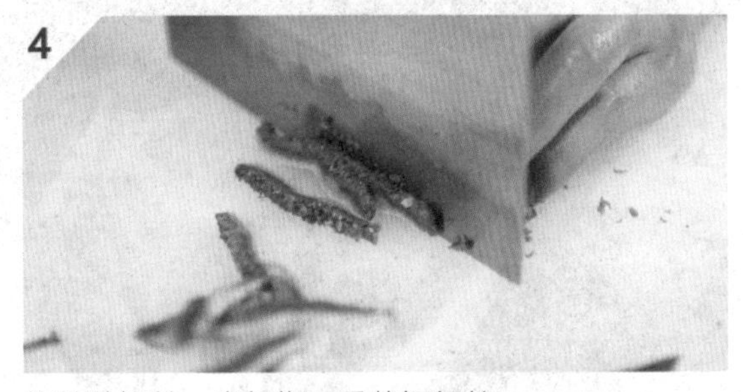

将羊肚切丝；青红椒、香葱切细丝。

5

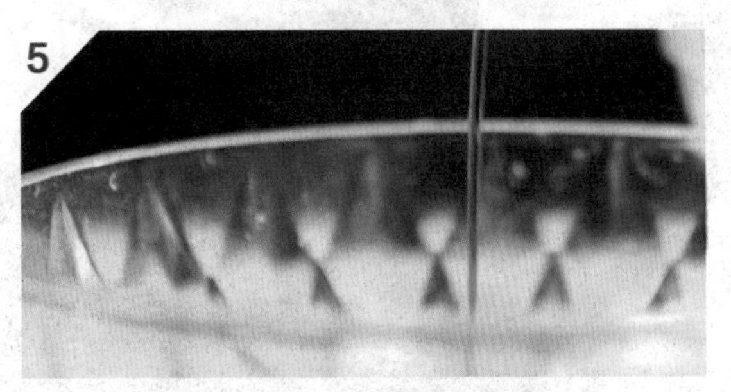

将羊肚、青红椒丝、香葱丝加黑椒碎、辣椒油、米醋、生抽、味精、香油、盐拌匀即可。

黄瓜拌蜇皮

制作

1. 黄瓜洗净切丝，胡萝卜去皮切丝备用。
2. 海蜇皮切宽丝，焯烫后用清水浸泡搓洗几次，去除咸味。
3. 蒜泥、米醋、酱油、盐、味精、香油调匀成味汁。
4. 海蜇皮、黄瓜丝、胡萝卜丝，加味汁拌匀即可。

主料

黄瓜 300 克，海蜇皮 200 克，胡萝卜 30 克

调料

蒜泥 50 克，米醋 20 克，酱油 10 克，盐、味精、香油各适量

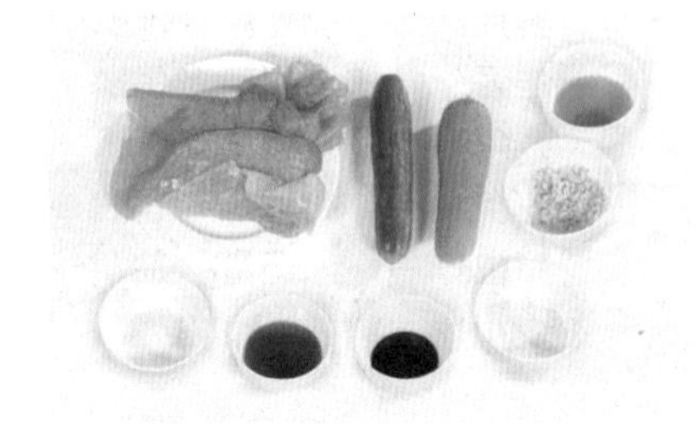

1

2

3

4

特点

黄瓜拌海蜇皮蒜香味浓郁，口感爽脆。

葱拌虾虎肉

主 料

虾虎 500 克，小葱 200 克

调 料

米醋 10 克，酱油 5 克，盐 5 克，味精 3 克，香油 3 克

制 作

1. 将虾虎洗净煮熟，取肉。
2. 小葱洗净，切菱形段。
3. 小葱、虾虎肉加入米醋、酱油、盐、味精、香油拌匀。
4. 将拌好的小葱虾虎肉装盘即可。

1

2

3

4

特 点

成菜清淡爽口，能够更好地激发虾虎肉的鲜美味道。

红油鱼肚丝

主 料

发制好的鱼肚……400 克
黄瓜丝……200 克

调 料

蒜泥……100 克		米醋……适量	
红油……100 克		生抽……适量	
糖……适量		蚝油……适量	
味精……适量		香油……适量	

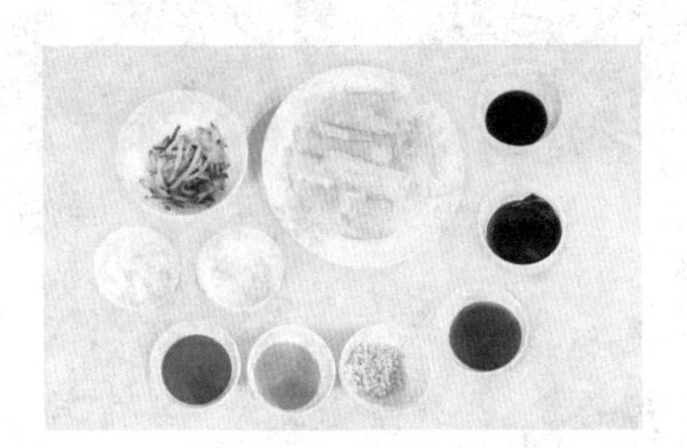

特 点

红油鱼肚丝，香辣咸鲜，蒜香浓郁。发鱼肚时，不要发过了，否则口感不好。

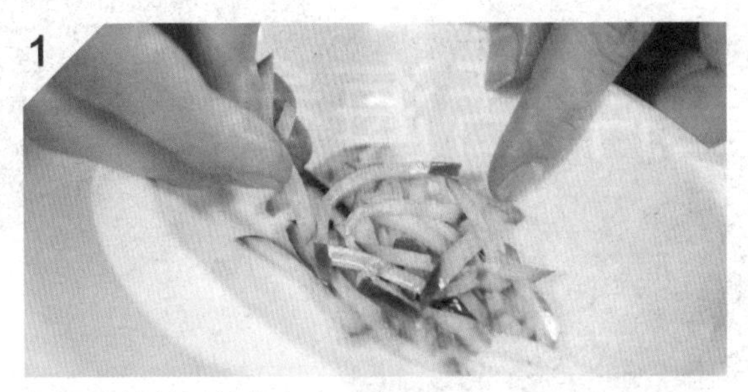

1 将切好的黄瓜丝放入容器中。

2 将发制好的鱼肚切丝。

3 蒜泥、红油、糖、味精、米醋、生抽、蚝油、香油调匀成味汁。

4 将鱼肚丝、黄瓜丝加入味汁拌匀。

5 将拌好的红油鱼肚丝装入容器中上桌即可。

生拌活海参

主 料

活海参……2只
青红椒……100克

调 料

芥末	适量	糖	适量
米醋	适量	生抽	适量
蚝油	适量	味精	适量

特 点

鲜美异常，爽口弹牙，海参焯烫不要过久，否则口感不好。

1

活海参宰杀，清理内脏，冲洗干净。

2

将活海参改刀切小丁，加米醋、糖抓匀，用开水焯烫一下。

3

青红椒洗净切末，放入容器里垫底。

4

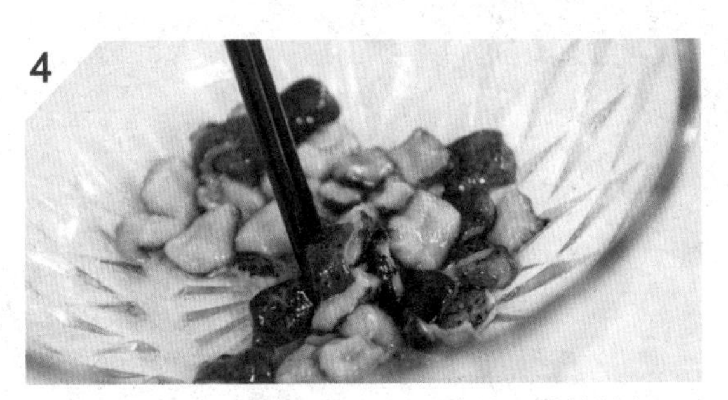

活海参芥末、米醋、蚝油、糖、生抽、味精拌匀。

5

倒在装青红椒末的容器中即可。

五彩捞汁活螺片

主料

活海螺……500克
胡萝卜丝……50克
橙皮丝……50克
苦菊……50克
萝卜苗……50克
紫甘蓝丝……50克

调料

米醋……10克
白糖……5克
美极鲜……5克
香油……3克
辣鲜露……5克

特点

这道菜比较考验刀工，蔬菜丝要细，螺片要薄，味道鲜香爽口，清新淡雅。

1 将活海螺取肉，片成薄片，放入开水中焯一下备用。

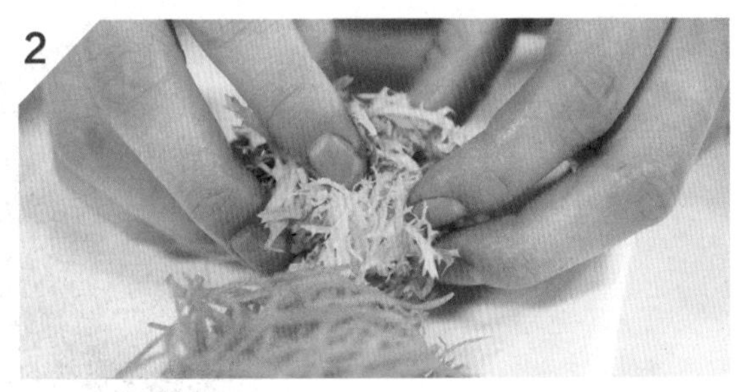

2 将胡萝卜丝、橙皮丝、苦菊、萝卜苗、紫甘蓝丝搓成球状，摆入盘中。

3 将海螺片放在蔬菜丝彩球中间。

4 将米醋、美极鲜、辣鲜露、白糖、香油调成味汁。

5 将调好的味汁浇在螺片上即可。

美味鱼冻

主料

鱼骨鱼皮 ………………………… 500 克
海冻菜凉粉 ……………………… 100 克

调料

葱	10 克	花椒	5 克
姜	10 克	盐	10 克
八角	1 粒	酱油	适量
干辣椒	1 个	料酒	适量

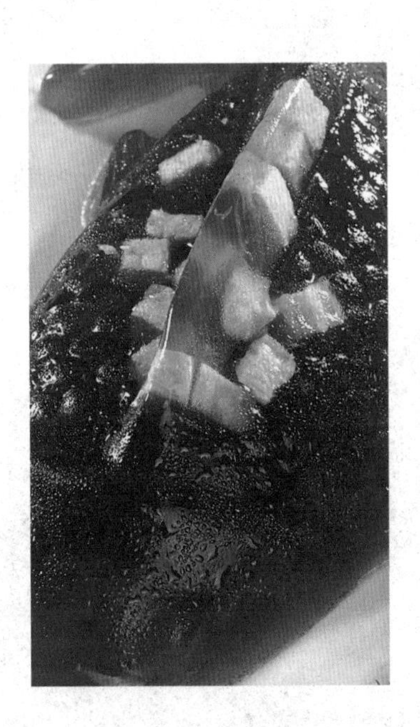

特点

鱼冻用鱼形模具重新造型，形象美观，味道咸鲜爽口。

1 鱼骨鱼皮放入开水中焯烫一下，洗净；海冻菜凉粉洗净。

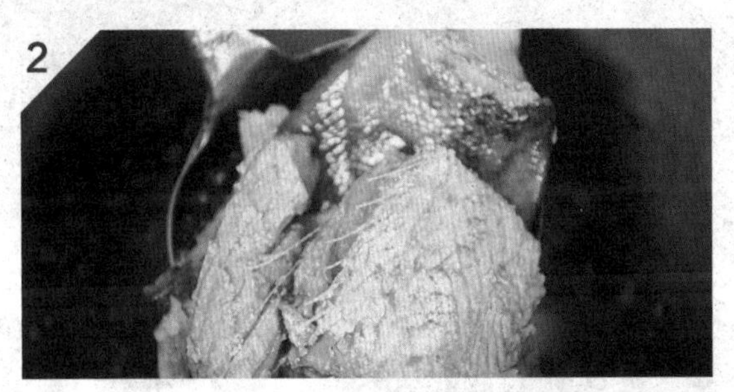

2 将鱼骨鱼皮、海冻菜凉粉加入盐、酱油、料包（花椒、八角、辣椒）、葱、姜、料酒。

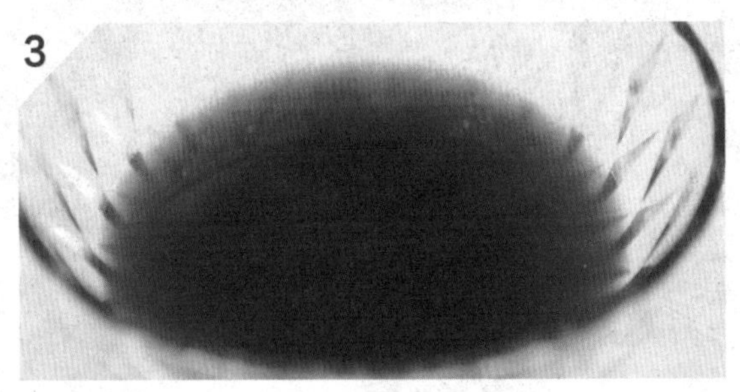

3 上蒸锅蒸 4 小时，用纱布漏出废料。

4 将蒸好的鱼冻汁倒入鱼形模具。

5 晾凉脱模，装盘即可。

冻蟹

主 料

梭子蟹 ………………………………… 500 克

调 料

新鲜大蒜……适量　　白醋 ………适量

红尖椒………适量

特 点

冻蟹清爽味美，蟹肉有弹性，伴随酸辣的味汁一起食用，令人食欲大开。

1 先把梭子蟹放进冰水里冻死。

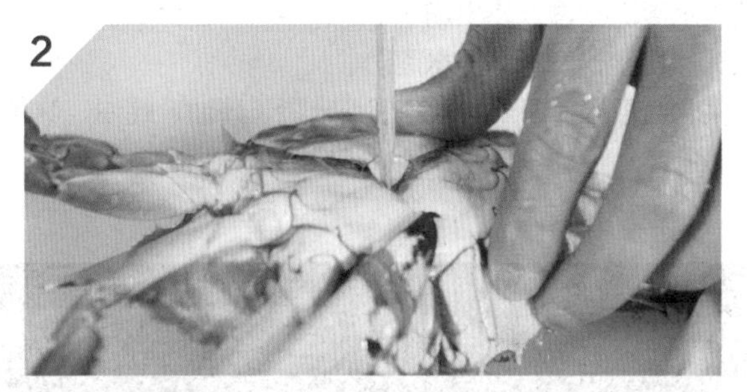

2 用竹扦在梭子蟹心脏部位扎一下，洗净。

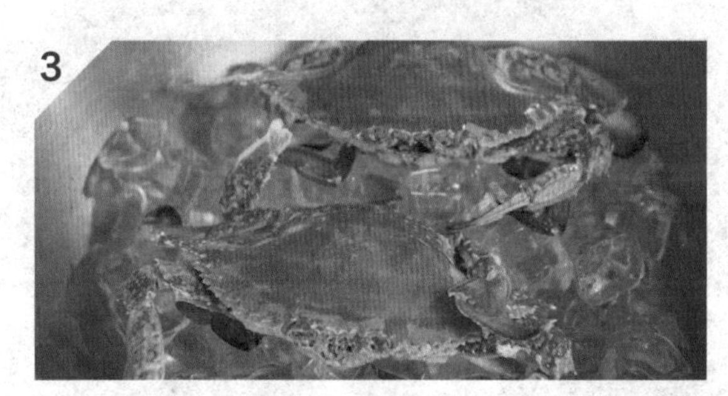

3 将梭子蟹放入锅中煮熟，放在冰碎水里冷却，再滤干水。

4 将梭子蟹开盖，处理干净蟹子的肺、腮、指尖，摆盘。

5 将蒜、红尖椒切末，白醋加少许水煮开，一起拌匀成味汁，随蟹上桌即可。

爽口紫菜

主料

紫菜 1 包，黄瓜 100 克，海米 20 克

调料

蒜泥 30 克，米醋 15 克，酱油、蚝油、味精、香油各适量

制作

1. 将紫菜撕成小块。
2. 紫菜用水浸泡软透，捞出沥干。
3. 黄瓜洗净切丝，海米用温水泡透。
4. 将紫菜、黄瓜丝、海米加入蒜泥、米醋、酱油、蚝油、味精、香油拌匀即可。

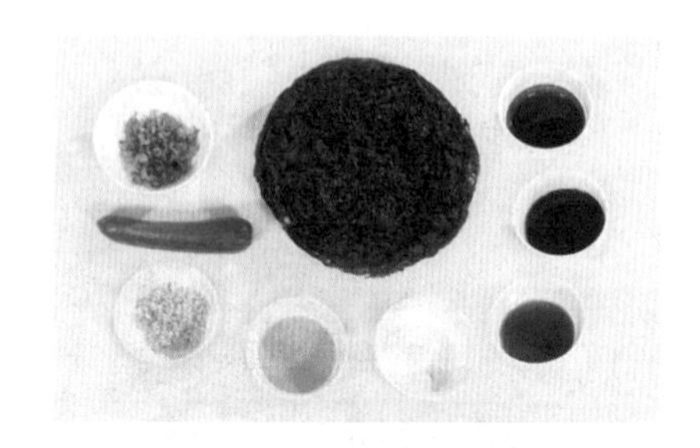

1

2

3

4

特点

紫菜、海米的鲜配合黄瓜的脆，形成这道美食咸鲜爽口的特点。

蒸鳗鱼泥

主 料

鳗鱼 300 克，黄瓜 200 克

调 料

蒜泥 30 克，料酒、盐、味精、酱油、香油各适量

制 作

1. 将鳗鱼宰杀干净，放入盘中，加料酒，盐蒸熟。
2. 蒸好的鳗鱼用手将鱼肉撕成小块。
3. 黄瓜洗净切丝。
4. 将鳗鱼、黄瓜丝加蒜泥、盐、味精、酱油、香油拌匀即可。

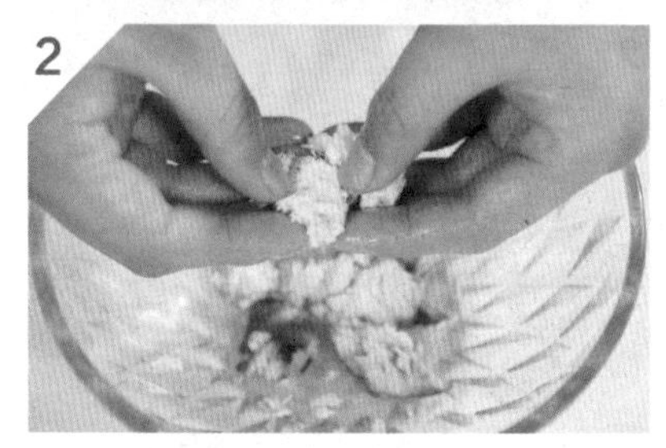

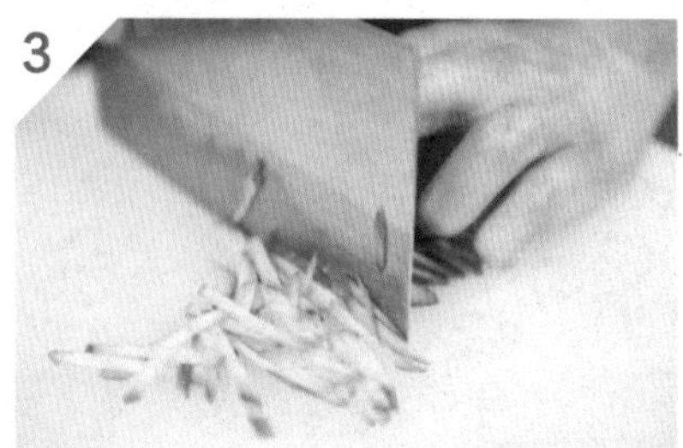

特 点

鳗鱼蒸制成熟，手撕成块，迅速拌制，蒜香浓郁，肉质细腻鲜香。

芝麻泡菜拌小鱿鱼

主 料

小鱿鱼 2 只

调 料

泡菜 100 克，香菜、芝麻、白糖、盐各适量

制 作

1. 泡菜洗净切条。
2. 香菜洗净去叶，切成段。
3. 鱿鱼洗净切段，下入开水锅中焯熟，捞出沥干，晾凉。
4. 将泡菜条、小鱿鱼段加食盐、白糖、香菜段、芝麻拌匀即可。

1

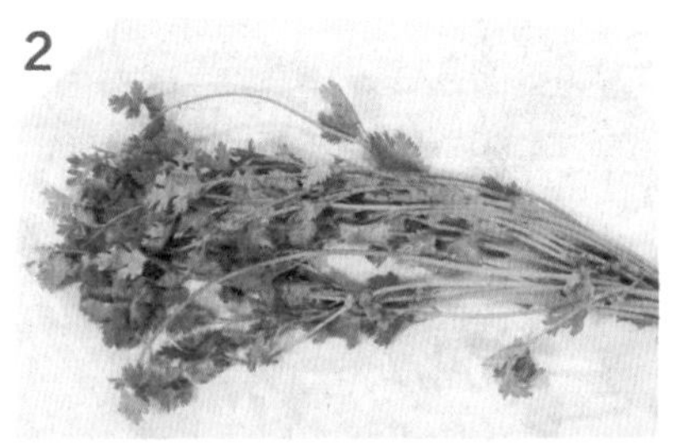

2

3

4

特 点

泡菜的辣、小鱿鱼的鲜、芝麻与泡菜的香融合一致，是沿海很有特色的凉拌菜。